国家自然科学基金面上项目（52378027）
辽宁省教育厅服务地方项目（JYTMS20231558）
辽宁省教育厅基本科研项目（LJKZ0553）

严寒地区中小学教学楼空间通风设计研究

STUDY ON SPACE VENTILATION DESIGN OF
PRIMARY AND SECONDARY TEACHING BUILDINGS
IN SEVERE COLD REGIONS

马福生　徐晓阳　李沛颖　展长虹　著

中国建筑工业出版社

图书在版编目（CIP）数据

严寒地区中小学教学楼空间通风设计研究 = STUDY ON SPACE VENTILATION DESIGN OF PRIMARY AND SECONDARY TEACHING BUILDINGS IN SEVERE COLD REGIONS / 马福生等著. -- 北京：中国建筑工业出版社，2024.8. -- ISBN 978-7-112-30122-5

I. TU244.2

中国国家版本馆 CIP 数据核字第 20249T7P35 号

责任编辑：徐昌强　陈夕涛　李　东
责任校对：王　烨

严寒地区中小学教学楼空间通风设计研究
STUDY ON SPACE VENTILATION DESIGN OF PRIMARY AND
SECONDARY TEACHING BUILDINGS IN SEVERE COLD REGIONS
马福生　徐晓阳　李沛颖　展长虹　著

*

中国建筑工业出版社出版、发行（北京海淀三里河路9号）
各地新华书店、建筑书店经销
华之逸品书装设计制版
建工社（河北）印刷有限公司印刷

*

开本：787毫米×960毫米　1/16　印张：14¼　字数：209千字
2024年8月第一版　　2024年8月第一次印刷
定价：**80.00**元
ISBN 978-7-112-30122-5
（43097）

　　人民群众对美好生活的需求日益提高，而良好的室内空气质量是基本需求之一。既保障学生学习环境的舒适性与安全性，又要实现能耗低、技术有效、经济适用的通风方式，是解决中小学教室室内空气质量的重要原则。

　　中小学教学楼是人员密集、固定空间内人群停留时间长、因通风不足导致室内空气质量不佳的典型代表场所。我国严寒地区中小学教学楼普遍采用自然通风方式，在室外低温气候条件下缺乏有效的、经济适用的通风技术与措施，教室空气质量差的问题尤为严重。中小学学生正处于身体发育的重要阶段，需要良好的空气品质保证学生的身体健康和学习效率。为解决这一问题，本书主要从以下几方面开展研究工作：第一，分析严寒地区中小学教学楼建筑典型特征、使用特点和通风方式及措施，建立中小学教学楼通风性能评价方法；第二，采用主客观相结合的方法，通过对教室空气质量、热环境的现场测量，对使用者的问卷调查，分析教学楼的通风性能与主要影响因素，计算中小学生冬季舒适温度区间；第三，提出适用于中小学教学楼封闭时期的通风设计构想，构建教学楼空间通风网络通道，建立教学楼空间通风模型，初步分析室内CO_2浓度在空间上的模态分布特点和变化规律；第四，通过模拟测试的方法，研究通风通道模式、空间形式和换气界面开口方式等对教学楼空间通风性能的影响；第五，基于教学楼空间通风的设计原则，构建教学楼空间与通风设计一体化的设计流程，提出教学楼空间与通风一体化设计策略。

本书得到国家自然科学基金面上项目（52378027）、辽宁省教育厅服务地方项目（JYTMS20231558）以及辽宁省教育厅基本科研项目（LJKZ0553）的支持。执笔人为沈阳建筑大学马福生、辽宁工程技术大学徐晓阳、沈阳建筑大学李沛颖、哈尔滨工业大学展长虹。本书是作者们近些年来的学习和科研成果的总结，谨以此书的出版发行献给从事相关研究的同仁，希望能够引起人们对中小学教室空气环境的关注，为提升保障儿童健康的室内环境建设贡献一份力量。由于作者研究水平和时间有限，其中存在的不足之处，恳请专家和读者批评指正！

感谢研究过程中做出贡献的同学们，感谢沈阳建筑大学聂鹏、房飞飞、孟子文、祝雨佳、赵子墨、毕志成、王吉尧、郭治伯、郎浠荟、刘养犇、马天泽、吕宏、李轩仪和大连理工大学马乐平等同学参与本书的编撰工作。

编者
2023 年 12 月

目录

第 1 章

绪 论

研究背景

1.1.1 教室空气环境品质需求

当前，越来越多研究开始关心中小学校教学楼的室内空气质量问题[1]。室内空气质量影响使用者的健康，对儿童的影响更是大于成年人[2-4]。此外，教室是人员密集度高的空间，学生每天有5～9个小时在学校，而且学生在教室停留时间长，活动行为受到很大限制，大部分时间坐在课桌前学习[5-10]。

我国还处于发展阶段，中小学的教育资源比较紧张，每个班级的学生数量多，教室内人员密度高，人均面积与发达国家相比存在较大的差距。当前我国中小学教学楼普遍采用自然通风方式，很少采用机械通风和辅助通风措施，教室的空气质量主要依靠开窗通风方式进行调节。严寒和寒冷地区冬季气候寒冷，室外空气温度低、波动大，开窗会影响教室使用者的热舒适，因此这些地区中小学的教学楼在大部分时间里均处于封闭状态，室内通风不足，空气质量难以保证。

根据《民用建筑热工设计规范》GB 50176—2016热工设计分区，全国有16个省份全部或大部分区域位于严寒和寒冷地区。《中国统计年鉴2022》统计结果显示，2021年我国中小学在校生数量1.84亿人，其中严寒和寒冷地区约占40.89%，如表1-1所示。

2021年中小学在校生统计 表1-1

统计结果	小学	初中	高中
全国在校生总数（人）	107,799,349	50,184,373	26,050,291
16省在校生总数（人）	43,753,210	20,500,744	10,993,593
合计比例*	**40.59%**	**40.85%**	**42.20%**

注：合计比例*=16省在校生总数/全国在校生总数

青少年是国家发展的未来、民族复兴的希望。中小学时期学生正处于身体发育的重要阶段，需要良好的空气品质保证其身体健康和学习效率。国家越来越重视中小学教室室内环境质量，在《中小学校设计规范》GB 50099—2011等相关规范中对教室室内环境相关指标，如CO_2浓度、温度、湿度、换气量等都有明确的规定。但严峻的现状是，绝大多数中小学教学楼的空气品质都没有达到国家标准和规范的要求。当前，一些研究已经开始关注我国中小学教学楼的室内环境[11, 12]，但我国严寒地区中小学教学楼的室内空气质量和热环境不仅缺乏现场调查数据，而且缺少学生主观感受和评价的数据，主观和客观的相关性分析更少。

1.1.2 建筑节能与可持续发展

能源短缺和环境恶化是当今社会面临的两大问题[13]。解决日益紧迫的资源、环境与经济发展之间的矛盾，已经成为国际社会共同面临的严峻挑战[14]。可持续发展的原则适用于各个领域，与建筑有着更为密切的关系。尤其是建筑在能源、资源方面的消耗，以及对自然环境和社会环境产生的深远影响，使得建筑已经成为可持续发展的核心问题之一[15]。

我国坚持可持续发展战略，在各个发展阶段提出了建筑节能和可持续发展要求（表1-2）。国家制定节能相关法律、法规，在"十一五"至"十三五"期间，均提出了相应的建筑节能目标：建筑节能1.1亿吨标准煤（"十一五"），实现节约能源6.7亿吨标准煤（"十二五"），能源消费总量控制在50亿吨标准煤以内（"十三五"）。建筑能耗约占总能耗30%，由于我国城乡建设发展较快，而且随着生活条件不断改善，建筑能耗还将不断上升，能源形势相当严峻。我国各阶段教育建筑的人均用能量远远低于发达国家，如果参照发达国家消耗水平，教育建筑的能耗也将不断增加。尽管有关我国中小学校建筑能耗方面的调研资料比较少，但我们发现初中、小学的建筑能耗都远远低于高中，而高中远远低于大学[16]。因此，可以判断在未来中小学不断提升建筑和环境水平的条件下，中小学校建筑的能耗将不断增加，耗能潜力较大，应该给予更多的关注。

我国部分建筑节能相关政策　　　　　　　　　　　　　　　表1-2

年代	文件名称	颁发机构
2006～2010	中华人民共和国可再生能源法（第33号）	主席令
	国务院关于印发节能减排综合性工作方案的通知（国发〔2007〕15号）	国务院
	国务院关于进一步加大工作力度确保实现"十一五"节能减排目标的通知（国发〔2010〕12号）	国务院
2011～2015	国务院关于印发节能减排"十二五"规划的通知（国发〔2012〕40号）	国务院
2016～2020	国务院关于印发"十三五"节能减排综合工作方案的通知（国发〔2016〕74号）	国务院

当前，我国严寒地区中小学建筑的耗能主要用在采暖方面，大部分既有建筑存在保温隔热性能较差、建筑外墙热损失高的问题。开展建筑节能以来，无论新建还是既有的中小学校建筑密闭性都在不断地加强，保温性能得到改善，达到了节能减排目标。同时，为保持室内空气品质，中小学教学楼冬季通风量增加也将产生大量能源消耗。因此，保证室内空气质量的同时控制建筑通风能耗，将是未来严寒地区中小学建筑节能的重点研究内容。

1.1.3 经济适用的绿色建筑技术

"全国绿色建筑创新奖"启动至今，我国绿色建筑稳步发展（图1-1）。2016年6月，国家发展和改革委员会与住房和城乡建设部联合印发的《城市适应气候变化行动方案》提出积极适应气候变化，到2020年建设30个试点城市，加强绿色建筑推广力度，推广比例达到50%。2013年1月1日，国务院办公厅以国办发〔2013〕1号转发国家发展和改革委员会、住房和城乡建设部制订的《绿色建筑行动方案》，通知指出绿色建筑行动要和国家的发展战略紧密结合，抓住历史机遇，推动城镇化和新农村建设走上科学发展轨道。历经两次修订的《绿色建筑评价标准》GB/T 50378—2019总体上达到国际领先水平。

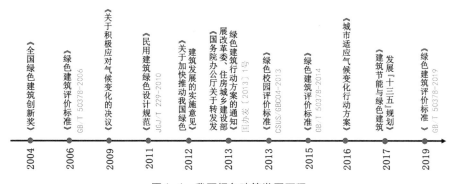

图1-1 我国绿色建筑发展历程

　　绿色建筑是中小学校建筑建设的目标，可以为学生提供健康、舒适和高效的使用空间。就我国当前经济发展水平和既有中小学教学楼现状而言，很难在新建和既有的中小学建筑中采用机械通风和经济标准较高的辅助设施。因此，加强经济适用性技术的创新和推广是实现绿色建筑战略的根本保障。被动式建筑设计是绿色建筑所倡导的自然、不消耗一次性能源的技术，满足可持续发展和绿色设计的需求，是建筑师在建筑创作思考过程中不可或缺的一部分，也是其发挥重要作用的固有阵地[17]。在中小学校建筑通风设计中，建筑师应充分考虑经济条件和利用中小学校建筑自身特点，加强被动建筑设计创作理念，建立建筑与通风一体化设计思维，开发经济、适用性通风技术，提升室内空气质量，降低通风能耗。

1.2
研究目的与意义

1.2.1 研究目的

1.提出一套有效、适用的通风技术

为解决严寒地区中小学校采暖时期不适宜开窗换气、室内空气质量差的问题，提出教学楼空间通风方式，根据中小学教学楼建筑和使用特点，利用教学楼空间形成网络通风通道，建立教学楼空间通风系统。模拟分析有利于教学楼空间通风的通道模式、空间形式、换气界面开口，以保证相同类型的新建和既有中小学教学楼空间通风的有效性和适用性。

2.建立中小学教学楼建筑与通风一体化设计方法

在对严寒地区中小学校现状通风系统调研的基础上，使用现场监测和问卷调查相结合的方法，根据中小学生的真实需求和适应性特点进行通风设计研究，探寻教学楼空间通风理念下的新建和改建中小学教学楼设计方法。

大量的现场测量数据、问卷投票结果，以及基于空间空气流动特征的现场测试与CFD数值模拟分析结果都为严寒地区中小学教学楼空间通风设计提供了理论与数据基础，以期对严寒地区中小学教学楼冬季通风设计起到一定的指导作用。

1.2.2 研究意义

1.理论意义

目前国内外学者针对自然通风的研究多为对非采暖时期的降温除湿的理论与实践研究，或是在采暖时期通过开窗方式或频率来提升室内空气质量。但对严寒地区人员密集的中小学教学楼，冬季没有适用性的通风方式和措

施，缺少对自然通风技术系统科学的研究。针对以上情况，本研究建立了中小学教学楼通风性能评价方法，构建了基于教学楼空间网络的辅助式自然通风模型，提出了教学楼空间与通风一体化设计策略。

2.实践意义

在经济条件薄弱和气候寒冷的条件下，严寒地区中小学教学楼需要解决的通风技术难点在于如何既能改善室内空气质量又能保证室内热舒适性，同时最大限度地节能。建筑节能要求和室外低温条件制约了上课时段教室开窗换气，无法保证室内空气质量，而经济条件和既有教学楼建筑现状又限制了中小学校使用机械通风。本研究通过利用中小学教学楼空间特点进行空间与通风一体化设计研究，建立一种在室外低温条件下能够一定程度上实现低能耗且经济适用的通风方式，在保证热舒适的同时，又能够提高教学楼通风性能，提升室内空气质量。

1.3
国内外研究现状

1.3.1　中小学教室通风现状调查研究

建筑通风对于提升室内空气环境质量，有效利用自然通风去除室内有气味颗粒、挥发性有机化合物（VOCs），调节建筑内部积聚的多余热量以及稀释室内 CO_2 浓度都是至关重要的。对于教育建筑而言，教室空气质量和热环境是学习过程中的重要物理环境因素，保证教室空气质量和温度与提高教材水平和教学方法同等重要[18]。因此，国内外对中小学校建筑的通风调查主要集中在教室空气质量、热环境及热舒适方面。

通风的主要目的之一就是降低室内污染物浓度，保证室内具有良好的空气质量。室内空气质量的优劣会影响学生在课堂上的表现、学习效率、健康状况和出勤率[19-24]。研究表明,全球中小学教室普遍存在通风率低、新风不足、室内CO_2浓度过高、室内气味等问题[6-10, 25-28]。Luca Stabile[26]在采暖和非采暖期对位于意大利中部的3所学校的5间教室进行了调查。测量数据表明,在采暖期教室CO_2浓度的最高值超过5000ppm,平均值为1400~3000ppm。研究发现,较长时间的通风会降低室内CO_2浓度,但仅靠建筑围护结构渗透通风不能有效降低教室污染物的浓度水平。Stabile[27]于2014年11月~2015年3月,对意大利1所自然通风学校在采暖期的CO_2浓度和通风率进行了研究。结果显示,自然通风教室在未采用通风设备的情况下,采暖期通风换气率不足。

Luísa Dias Pereira[28]以物理参数监测和问卷调查相结合的方法,对葡萄牙采用自然通风的中学教室进行研究。结果表明,教室CO_2浓度超标严重,其中2间受测教室CO_2浓度最高值竟然达到7645ppm和7465ppm。同时,调查还发现自然通风教室和机械通风教室CO_2浓度都超过了当地推荐标准[29, 30]。然而,机械通风条件下的CO_2浓度明显优于自然通风条件下的CO_2浓度[31]。自然通风教室的最大CO_2浓度一般超过参考值的4~6倍,冬季教室室内CO_2浓度明显高于其他季节[7, 8, 25, 26, 28, 30, 32, 33]。

大量学者通过实测和调查问卷相结合的方式对教室热环境进行了研究。D. Teli[34]对英国汉普郡的小学建筑热舒适性开展了调查和研究。由于儿童具有更高的代谢率,且总是通过调整衣服来调整热感觉,因此他们比成年人更喜欢室内温度较低的热环境。通过投票计算出的中性温度比PMV模型计算出的中性温度低4℃,儿童自适应温度值比成人低2℃。因此为了恰当地反映儿童的热感觉,需要对其生理模型及适应性模型进行调整。荷兰学者Sander Ter Mors[35]发现学生的热舒适温度低于以往根据热舒适模型预测得出的结果,学生喜欢比较凉爽的环境。Martha[36]对塞浦路斯沿海城市的一个标准学校进行了持续一年的温度及湿度实测,同时开展问卷调查。调查发现不同性别在热舒适性方面也不同,这是因为性别差异导致体表面积和代谢率不同,男生体表面积大、代谢率高,因此受高温影响较大;相反,女生受低温的影响较大。该研究也证明了非节能建筑的热舒适性远远低于节能建筑。Wig[37]研究发现过多的气流会给人造成不舒适的"吹风感",风速的变化对人的气流感和热感觉起到决定性作用。针对这一问题,Wig对瑞典斯德哥尔摩一所高中开展了实地调查,并通过变速(间歇式)和匀速两种通风模式进行了分析和问卷调查。研究结果表明在间歇式通风情况下,人们的热感觉和气流感觉更好,且认为此种情况下的空气更新鲜。王晗旭等[38]对甘肃省武威市3所小学和2所中学教室热环境开展了现场实测与问卷调查研究,发现一半以上的教室热环境不满足热舒适性需求,但通过问卷调查得到了学生较为满意的结论,并且发现学生期望温度值要小于中性温度值。这就说明青少年对温度变化的敏感程度较低,尤其是在非标准采暖地区,青少年学生在长期温度低且波动大的环境下适应性大大提高。其他文献[39-42]也得出了类似的结论。

1.3.2 通风性能评价指标与方法研究

通风技术重点之一就是如何在建筑设计过程中和建成后评价建筑的通风性能。选择合理的评价指标和评价方法有助于提高通风有效性和设计水平。

污染物浓度指标是评价通风性能的重要指标之一。当前,许多学者将CO_2浓度作为评价教室空气质量的关键指标[43-52]。室内CO_2浓度过高代表通风不足,影响使用者效率[7, 43, 49]。M. Griffiths[47]在采暖季通过为期1周的CO_2浓度测量,调查自然通风教室的通风性。研究发现,教室的滴流通风方式(Trickle Ventilation)尽管会使热舒适性能受到影响,却能够提供有效通风,速率达到$0.75L/(s\cdot人)$,可以将CO_2浓度降低1000ppm,Santamouris[50]对雅典27所采用自然通风的学校62间教室进行了实测研究,表明77%教室通风率低于$8L/(h\cdot人)$,发现其开窗度和开窗次数与数据库所给出的教室数据差距较大,实测的教室CO_2浓度低于数据库公布的浓度值。廖梅等[51]通过开展连续的CO_2浓度测量,针对夏热冬冷地区南京市一所小学18间教室进行检测实验，表明1间标准教室连续上课3节的情况下，室内CO_2浓度涨幅达2.71倍，从1400ppm上升到5199ppm，严重超过国家规定标准，还发现教室空间越小超标现象越严重。Valentina[52]在采暖期针对塞尔维亚乡村、城镇和城市中的5所小学教室的CO_2浓度进行实测，结果表明5所小学教室的CO_2浓度值均远远大于规范设计值。教室空气质量差的主要原因是教室通风不足，50%上课时间教室内CO_2浓度值大于1000ppm，而在临近课终时达到3600ppm。他们通过实测得到了塞尔维亚小学教室的实际通风率只有（0.8÷4.1）L/（h·人），而不是EN15251—2007标准规定的优选值（4÷10）L/（h·人）。

热环境影响使用者的舒适与健康，热环境指标是评价建筑通风性能的另一重要指标。通过建立自然通风环境下人们的热舒适度模型，并在此基础上建立评价方法，评价自然通风更为全面客观[53]。最早在1978年，Humpherys[54]对36个地区自然通风建筑的热舒适性进行调查，发现自然通风建筑的室内热中性温度和室外平均温度存在线性关系。Humpherys[55]和Nicol[56]通过对ASHARE RP-884数据库的分析和Humpherys基于对自然通风建筑热舒适性的调查结果，确定了自然通风建筑室内中性温度和室外月平均温度之间的关系。邢凯等[57]针对寒冷地区非自然通风的办公单元开展了热舒适性实测及问卷调查，并且利用加湿、加温等人为干预方法，对不同工况的室内相对湿度、空气温度、黑球温度以及空气流动速度进行了实测及PMV-PPD模型验证。Hwang[58]为研究ASHRAE 55—2004的热舒适模型对湿热气候的适用性，对台湾14所中小学开展了长期实测和研究。研究中没有采用热感觉投票对操作温度的常规线性回归分析，而是对学生热舒适性反应采用概率分析。研究结果表明，80%的可接受范围下限比ASHRAE推荐值低1.70℃，为ASHRAE 55—2004适用于学校提供了科学依据。王烨等[59]还考虑了临界温度和热舒适性两个指标对自然通风的影响。该研究针对寒冷地区一户住宅开展了自然通风的实测分析，在9种开窗方式的对比中得出了最佳的自然通风方案，确定了临界温度、热舒适性、排污效率和人工调节四个指标的权重降幂关系。实测分析结果表明，科学合理的自然通风对寒冷地区不仅不影响热舒适性，对室内空气质量有较大改善，且能抑制甲醛等有害物质的释放。Fong 等[60]针对香港城市大学教室的混合通风、置换通风和分区通风三种通风方式进行了分析和评价，在送风量、室温和湿度不变的情况下，三种通风方式的热中性温度不同，分区通风效果和热舒适性最佳。

一些研究采用综合性指标、空气特性指标和适用性指标对室内通风性能进行评价分析。C. Godwin 等[61]对密歇根64间中小学教室的室内空气质量（indoor air quality，IAQ）的多个指标进行了为期1周的测量，测量指标包括室内 CO_2 浓度、VOCs、相对湿度、空气温度，研究结果显示，通风率主要受室内 CO_2 浓度和教室入座率影响。而多数受测试的教室内部通风效果很差，CO_2 浓度通常超过1000ppm，有时甚至超过3000ppm。蒋绿林等[62]针对自然通风的室内流场和空气龄开展了不同方案的气流组织预测与评价，建立了考虑到湍流效应的计算模型。通过CFD模拟得到了室内流场、速度场和空气龄，认为夏热冬冷地区过渡季利用自然通风是较为有效的方法，但要充分考虑计算空间体积、通风量和换气系数的合理关系。Cao 等[63]认为评价室内空气环境质量有5个指标，分别是换气率、排出污染物、降温、接触面积和空气分布。室内空气分布与人的行为及热源和污染源有关，也受到气流组织的影响。针对不同的通风目的，对8种不同的通风方式进行对比分析，认为气流分布的设计不仅要考虑送风速度，还要考虑热羽与送风耦合关系，降低能耗的通风方式选择应综合考虑空间条件等。解决通风换气的最佳方案应针对不同通风系统，综合考虑不同的设计参数。罗志文等[64]在比较分析现有的通风性能评价指标后指出，新风换气次数与排污效率集成构建的"实际新风换气次数"，与换气效率和排污效率等评价指标相比，更能反映排出室内空气中污染物的能力。

1.3.3 通风网络模型及模拟技术研究

通风网络模型的建立是自然通风设计的重要手段。杨李宁等[65, 66]利用节点流量平衡方程和压力平衡方程，构建了一种将模拟与计算相结合的网络模型。针对自然通风的复杂性，提出了从定性和定量综合考虑来开展评价研究，并利用该方法对重庆某办公楼建筑开展了通风效果的评价研究。结果表明模拟值与实测值比较接近，说明该方法在自然通风的质量评价方面非常有效。这对于自然通风较差地区建筑物的自然通风效果评价和设计具有重要意义。陆齐力等[67]研究发现门窗开度和隔门位置等干预因素对气流影响是关键，通过建立多区域串联1:10模型开展风洞试验，假定空气参数一致的充分混合来进行节点静压不变网络模拟计算，得出窗户开度与射流之间的流量关系，并且开展了受限射流的一般工况的紊流系数K值修正。曾琪翔等[68]针对隧道纵向通风的出口CO_2浓度过高的问题，提出顶部通风的生成树方式来开展研究。这就可以利用牛顿法进行迭代求解回路通风量，也可以利用MATLAB编程计算。面对复杂的通风系统，既能有效处理通风计算问题，又能整体把控整个通风系统。张野等[69]认为建筑通风中自然通风与机械通风是同时发生的，因此在建筑环境设计上利用DeST模拟软件更加适用，尤其是对多区域网络模型和管道流体网络模型更趋于合理。付祥钊等[70]提出了基于多区域网络理论热压自然通风网络模型，进行了热压稳定下的自然通风网络模型及通风量的计算，弥补了自然通风模拟计算无法有效地考虑热压效应，对夏热地区独立式住宅如何利用自然通风来降温排湿，提出了非常有效而实用的方法。

随着计算机技术、数值计算的发展，仿真模拟技术在暖通空调工程中的应用越来越受到学者们的关注。计算机模拟技术可以对规划布局、建筑形态、空间及开口等从宏观到微观因素对通风性能的影响进行分析，还可以进行多个通风方案比较。郭卫宏等[71]利用CFD对建筑的总体布局、建筑形体和建筑围护界面三个层面开展了模拟计算分析，为规划布局、建筑形态设计和围护结构的导风措施及导风构造设计提供了更加科学有效的依据。唐振朝等[72]针对采用不同隔板类型的开敞式办公空间，采用CFD技术进行了数值模拟，分析研究了混合型通风和置换型通风两种工况下的通风和空气换气率，认为隔板数量与位置对换气效率影响较大，表明干预性布局设计的室内空间形式对通风率和换气率有较大的改善。牛寒睿等[73]对内有百叶的双侧玻璃幕墙的通风性能开展了CFD模拟研究，结果表明腔体内百叶的调整不仅可以在夏季起到遮阳降温作用，而且可以促进空腔内空气的流动，形成了非常有效的隔热层，更可以作为建筑自然通风的驱动力。北京四中长阳校区建筑采用通过开窗利用风压的自然通风方式，林波荣等[74]运用多区域网络法模拟工具ContamW对该校区建筑的自然通风方式进行优化模拟研究，获得了良好的自然通风效果，教学楼换气次数能够达到7.9次/h。Spentzou等[75]采用CFD仿真技术对教室内部的自然通风进行稳态和动态模拟计算，分析开口及中庭等通风构造措施的通风效果。虽然在动态模拟的结果中显示教室空气质量及热舒适性较好，但CFD模拟结果预测了靠近开口区域的气流导致使用者不舒适。C. Yang等[76]采用CFD模拟和现场实测相结合的方法，对ISO5级洁净病房卫生间的三种通风方案进行分析，最后确定顶部送风侧壁置换排风的通风方案对室内的颗粒物扩散和浓度消除最优。

1.3.4 建筑通风的换气界面开口研究

建筑开口设计对自然通风至关重要，建筑与外部环境之间、内部的功能房间与开敞空间之间的换气界面开口影响建筑的通风效果。大量有关自然通风设计方面的研究主要集中在开口研究。控制换气界面开口的通风能力是建筑与通风一体化设计需要重点思考的问题。

换气界面开口所在方向、相对位置会影响房间的进风量、气流组织和能耗。M. A. Hassan等[77]通过风洞测试和CFD模拟方法，分析不同风向、建筑和窗户的组合关系对建筑自然通风和热舒适的影响，发现单侧开口条件下，开两个窗户比一个窗户更有利于建筑自然通风和室内热舒适，而且两个窗户距离越远、风压差越大，通风效果越明显。周军莉等[78]通过开口长宽比、开口角度、内外压差和温差等因素，对自然通风建筑开口的流量系数进行讨论，发现流量系数主要受到长宽比和开口角度影响，流量系数随长宽比及开口角度的增加而逐步增大。Dascalaki等[79]利用示踪气体，在全尺寸实验室内进行4项单侧通风试验，并在开口的不同高度测量空气流速，发现室外风环境的风速和风向是影响开口处有效通风量的主要因素。K. Visagavel等[80]对比分析穿堂风和单侧开窗通风效果，发现穿堂风的进风量高于单侧开窗，而且进风效率明显提高。吕书强等[81]模拟研究同一种户型的不同开窗方式，分析自然通风条件下开窗位置和尺寸对室内流场的影响，得出不同开窗方式下的自然通风效果。C. F. GAO等[82]分析了门、窗位置及建筑朝向对建筑自然通风性能的影响，发现窗户的位置对自然通风影响最大，其次是门的位置。

换气界面开口尺度直接影响换气量，从而影响室内空气质量和热舒适。K. A. Papakonstantinou等[83]通过对自然通风建筑的数学模型模拟，发现单侧开口条件下不同窗户的开启面积对室内空气流动和温度有较大影响。Per Heiselberg等[84]针对侧悬窗和底悬窗两种类型窗户进行了实验研究，分析自然通风建筑室内气流组织情况，并开发了半经验流动模型来评价工作区的热舒适性。P. A. Favarolo等[85]发现建筑单侧开口的自然通风效果与开口宽度和开口高度位置相关。

1.3.5 自然通风及辅助技术应用现状研究

自然通风在建筑中应用广泛，但具有一定的局限性，建筑师通过对建筑的表皮、结构、空间、构造等进行设计以促进自然通风，或者通过辅助设备设施，如捕风器、地道风、太阳能烟囱、排风热回收等，提升自然通风的利用率。还可以对不同构造措施和风驱动技术进行分类，根据通风建筑技术选择适合的建筑类型进行应用[86]。

普利兹克奖获得者Renzo Piano设计的吉巴乌文化中心（Tjibaou Culture Center）建筑形式借鉴传统"棚屋"，尊重当地生态环境，把生态文化与技术结合起来，这种"棚屋"式的设计可以有效节能又能抵御炎热气候[87]。建筑具有双层表皮系统，实现了完全被动式的自然通风，内外层分别由弯曲和垂直的肋板组合构成，外层表皮的开口用于引风或导流。建筑顶部的天窗可以调节气流，根据室外风力条件的强弱进行关闭或开启（图1-2）。

a）吉巴乌文化中心立面

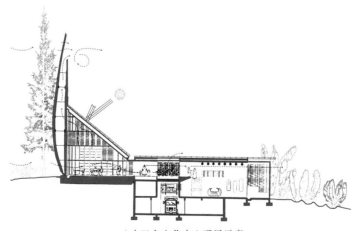

b）吉巴乌文化中心通风示意

图1-2　吉巴乌文化中心

图1-3　德国柏林新国会大厦

诺曼·福斯特利用被动节能策略对德国柏林新国会大厦（New German Parliament）进行改造设计，通过圆形穹顶引入自然采光的同时组织自然通风（图1-3）：设定新鲜空气的进风口，新风的流动路径兼顾整个会议厅，再利用热浮力和风机作为空气流动的驱动力，将圆穹顶内部的玻璃锥体空间作为建筑室内外的通风通道，将室内热空气排出；同时，通过换热装置和轴向风扇对排出气体的能量进行回收和再利用，达到节能的效果[88]。为获得宜人的室内空气环境，德国国家养老保险基金（LVA）北德总部办公楼在空间布局上充分考虑不同季节的通风需求，在夏季利用自然风吹过南向水池为室内提供凉爽的空气，冬季则在北向利用地形和植被防止季风的影响[89]；建筑的呼吸系统利用中庭和天井形成的"烟囱效应"以及一些被动装置共同组成，同时采用地道新风系统（图1-4）。

德国法兰克福商业银行大厦是利用建筑空间实现自然通风的生态技术建筑代表案例之一。三角形中庭成为大厦的竖向通风空间，利用竖向空间产生的烟囱效应促进空气流动（图1-5）。在三角形中庭平面长边上设置空中花园，四层高的空中花园成为旋转的通风通道，建筑内的办公室朝向花园一侧设可开闭的景观通风窗，起到自然通风换气的作用。对银行大楼的监测结果

图1-4 德国国家养老保险基金北德总部办公楼

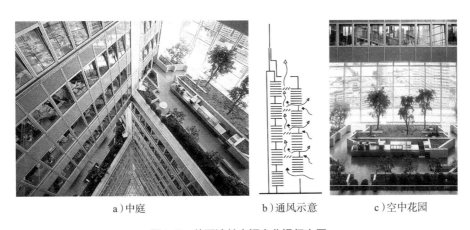

a）中庭　　　　　　　b）通风示意　　　　　　c）空中花园

图1-5 德国法兰克福商业银行大厦

表明，即使在非常炎热的夏天，通过适当的操作方式，室内温度保持在可接受的范围，并且经过自然通风，空气质量良好[90]。

清华大学设计中心楼的南部设计了一个体积较大的绿化中庭空间（图1-6），在不同季节起到适应气候作用，为使用者营造健康、舒适、节能的工

图1-6　清华大学设计中心楼

作场所[91]。冬季时中庭形成具有热缓冲作用的温室空间，起到提升热舒适性和节能的作用。开敞的中庭空间在过渡季利用空间体积和高度形成空气流动的驱动空间，顶部开窗具有拔风作用，保持良好的自然通风。中庭南向设置遮阳设施，避免夏季阳光直射，大大减少热量吸收，形成办公空间与室外的过渡清凉空间。

陈剑秋[92]在上海市委党校二期工程中，强调建筑技术可以作为建筑艺术而被广泛采用，改变了单一技术的特点。尝试建筑技术与建筑空间的一体化，采用整体设计实现建筑通风的低能耗、高品质目标。该工程运用CFD模拟方法进行定量理性分析，优化了公共空间幕墙的开启面积，同时形成了层次丰富又具有韵律感的外立面效果（图1-7）。

杨洪生[93]设计的北京大学附属小学，结合气候和校园有利条件，探讨了适宜性的节能技术与措施，是寒冷地区教室冬季不开窗换气条件下，能够较好利用自然通风提高室内空气质量的典型案例（图1-8）。教学楼的送风设计采用地道风预热方式加热室外低温空气，通过教学楼内的送风管道把新风送入每间教室。排风设计是在教室靠窗一侧设置竖向排风管道，南向房间的排风管道上部采用诱导式排风系统，利用太阳能集热器加热管道顶部空气，与教室空气形成温差产生热压，有利于室内空气流动。在屋顶排风塔内设置

图1-7 上海市委党校二期工程

排风机，将北侧教室的污染气体排出室外，并在南侧教室自然通风动力不足时辅助排风。

北京大学附属小学教学楼的送排风装置较好地实现了教室通风功能，这种管道通风的优点在于可以将新鲜空气直接送入教室空间，污染气体直接排出室外，避免二次污染。但送风管道设计也存在一定弊端，带来三个突出问题：一是外设排风管道占用了开窗空间，开窗面积相对减少，不利于采光和自然通风；二是竖向送风和排风管道形成的通风腔体成为上、下层教室传声通道，上下班级之间由于不隔音而受到噪声干扰；三是风机运行声音也从通道传入教室，噪声较大。

1.3.6 研究综述

通过对建筑通风相关文献的研究，可以归纳总结出四个方面：第一，国内外中小学建筑通风现状调查研究部分为本研究提供了研究方法和资料数据及对比样本；第二，通风性能评价指标和方法研究部分总结分析了空气质量、热环境、空气特性等通风性能评价指标，以及现场测试、主观问卷、通风模拟等主客观评价方法；第三，通风网络模型研究部分阐述了自然通风多区域、管道流体等整体考虑通风性能的研究思路，计算机模拟技术研究部分介绍了当前热门、方便、有效的仿真技术研究方法；第四，分析与通

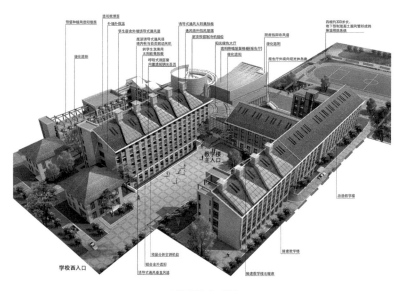

a）教学楼鸟瞰图

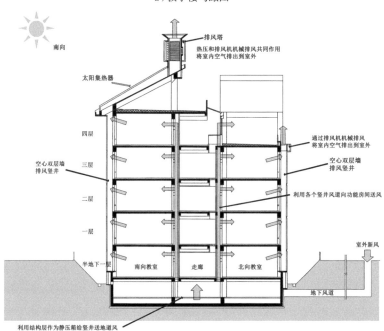

b）通风通道示意图

图1-8　北京大学附属小学

c）室内通风口   d）地道通风示意图

图1-8　北京大学附属小学（续）

风相关的建筑空间和换气界面开口的研究及自然通风技术的应用，为建筑与通风一体化设计提供了参考。通过文献研究总结发现，在中小学教学楼通风方面的研究还存在以下几个方面的不足：

第一，中小学建筑通风现状调查研究表明，教室空气质量问题是一个全球性的问题。国外非常重视中小学教室空气质量和热舒适，研究起步较早，而且做了大量的实地测量、问卷调查等研究工作，分析了相关影响因素，为教室通风设计提供了大量基础性资料。我国对中小学教育建筑的通风现状关注度较低，严重缺乏各个气候区、城市、乡村等不同条件下通风现状资料，应加强收集全国（特别是采暖时期长、不利于开窗通风的严寒地区）中小学教室室内空气质量和热环境的现场测量资料，为中小学建筑通风设计提供有价值的设计资料。

第二，中小学建筑通风性能评价方面。首先，大多数研究局限于对空气质量、热环境或气流组织等单一指标的评价，缺少对各种指标的综合评价研究；其次，大多数研究偏于客观评价，缺少青少年对学习环境的主观评价及对客观评价的相关性分析；最后，我国现行标准基本以成年人作为参考对象，对于以青少年为主体使用者的中小学校，应该建立青少年对学习环境的反馈机制，以青少年意见作为参考，进行中小学建筑通风设计。

第三，缺少针对严寒地区中小学教学楼冬季通风方面的研究。有关住宅、办公等建筑的自然通风方式和措施无法满足冬季中小学教室通风需求。首先是适用性问题。当前的自然通风研究强调一项或几项技术组合，如中庭、太阳能烟囱等，能够保持足够但不定量的室外新鲜空气直接进入室内，但这种自然通风方式无法在严寒地区室外空气温度过低时应用。还有一些研究提出在教学楼内增设管道系统通风，但既有教学楼建筑空间现状基本不具备机械通风的条件，同时在教学楼内设管道的经济等问题也限制了其在中小学既有和新建教学楼中推广；其次，缺少提升通风有效性的设计。利用建筑空间或开口合理化设计促进通风主要以定性为主，缺少通风量化研究。严寒地区中小学教学楼通风要与气候条件、建筑空间布局、功能设置、使用特点等一体化研究，才能获得有效的通风方式。

1.4
研究内容与方法

1.4.1 研究范围与概念界定

1.4.1.1 研究内容边界界定

本书研究对象为严寒地区既有和新建的中小学教学楼，主要研究内容是分析严寒地区采暖期教学楼的建筑空间、界面开口、进风温度对通风性能的影响，进行中小学教学楼空间与通风一体化设计研究；在满足室内空气质量和热舒适的条件下，通过控制通风量和室内温度，达到节能的目的。本书并不具体研究进风、预热、净化新鲜空气的技术与设备，以及相关能耗问题。

1.4.1.2 教学楼空间通风方式

教学楼空间通风是一种利用教学楼内部水平开敞空间（走廊和其他开敞的休息和活动空间）与竖向开敞空间（楼梯、中庭等），在严寒地区冬季教学楼密闭时期形成封闭空间网络作为通风通道，通过换气界面开口与教室等封闭空间进行气体交换的通风方式。

1.4.1.3 研究时期界定

研究的时期为不适合教室开窗自然通风的室外低温时期，主要指采暖季。根据严寒地区气候特点，采暖期室外温度低，开窗直接通风会影响室内使用者的热舒适性，使用者开窗意愿低，造成室内通风严重不足而引起空气质量问题。而且，采暖季所采用的通风方式或措施不当，还会影响建筑节能。

1.4.2 研究内容

根据教学楼现状调研和通风性能的主客观评价与实验测试分析，提取严寒地区中小学教学楼冬季封闭状态下通风的重要影响因素，提出利用严寒地区中小学教学楼（含既有和新建）空间进行通风的方式。构建基于教学楼空间通风复杂空间路径的CFD模拟方法，以实现教学楼从宏观通风路径对气流组织、中观空间形式对教室进气量到微观换气界面开口对教室换气效率和CO_2浓度分布影响的全过程分析，建立模拟计算单一和组合因素对教室通风量作用的量化方法，提出教学楼空间与通风一体化设计及改造策略。主要研究内容如下：

（1）收集东北严寒地区63所中小学校的教学楼资料，调查和分析该地区中小学校的建筑特点、通风方式及措施；连续一年对多间教室进行CO_2浓度监测，统计不同室外温度条件下的室内CO_2浓度状况，分析室外温度对室内空气质量的影响；同时，通过连续测量样本教室，以及问卷调查使用者对教室空气质量和热环境的感受和满意度，主客观结合评价现状通风性能，并分析主客观评价的相关性。根据学生热感觉投票计算热中性温度和热舒适范围。

（2）根据教学楼现状调查与通风性能评价分析结果，归纳总结严寒地区教学楼通风存在的问题和相关影响因素，并利用正交实验法分析主要影响因素的影响程度。提出教学楼空间通风设想，建立教学楼空间通风网络通道，构建教学楼空间通风模型。进行基于模态分布的教学楼室内CO_2浓度现场测试与分析，构建教室在课上、课间与开口方式的时空耦合下CO_2分布和发展规律。根据教室最小通风量计算结果，初步测算换气界面开口尺寸。

（3）通过调研总结的教学楼类型，建立典型教学楼物理模型。根据教学楼空间通风性能评价模拟工况，进行教学楼空间通风CFD数值模拟研究。分析有利于教学楼空间通风的通道模式、空间形式、换气界面开口，建立中小学教学楼空间通风的模拟计算方法。

（4）根据调研、评价、测试与CFD模拟计算结果，建立教学楼空间通风设计原则，制定教学楼空间与通风一体化设计流程，提出基于中小学教学楼空间通风路径、空间形式和换气界面开口的教学楼空间与通风一体化设计策略。

1.4.3 研究方法

1.调查研究

包括文献阅读、档案资料收集和实地调研等方法。查阅相关文献，总结通风相关研究方法和应用现状；通过设计单位和网络，收集严寒地区中小学教学楼设计资料，结合现场拍照、记录和访谈的方式调研影响严寒地区中小学教学楼通风性能的建筑特点、通风方式与措施、使用特点和管理模式。

2.主客观相结合的通风性能评价

实地监测中小学教学楼室内热环境和空气质量相关参数，记录观察对象发生的现象和行为。同时，通过问卷调查学生对教学楼室内空气环境的感受和满意度。利用主客观评价结果分析中小学教学楼现状通风性能和相关影响因素。

3.数据统计分析和计算机辅助分析

对收集的调研资料、测量数据和投票结果等信息进行统计分析处理。采用计算流体力学CFD模拟仿真方法，综合、全面地分析通风通道模式、空间形式、换气界面开口对严寒地区中小学教学楼通风性能的影响。

第 2 章

严寒地区中小学教学楼通风调查与评价方法

中小学教学楼作为青少年长时间学习的场所，其室内空气质量已经成为各方关注的焦点。我国严寒地区中小学教学楼普遍采用自然通风方式，教室通风受室外气候条件影响较大，教学楼为了保温不断增加建筑的密闭性，低温时期容易因为建筑密闭导致通风不足，影响教室空气质量，但当前缺乏对教室通风现状的调查和研究资料。基于此，本章在分析严寒地区气候特点的基础上，利用典型年的气候参数，计算中小学教学楼的自然通风潜力，初步评价不同室外温度环境下自然通风方式的服务效果。通过现场调研、设计资料收集、文献查阅等方法共收集63所中小学113栋教学楼建筑资料，以此来分析严寒地区中小学教学楼建筑典型特征、使用特点和通风方式及措施，根据分析结果制定中小学教学楼通风性能评价方法，包括确定通风性能的评价指标、现场测量方案和调查问卷设计。

2.1
教学楼建筑自然通风潜力分析

2.1.1 严寒地区气候特点

自然环境的气候特征对建筑的设计方式以及相关通风技术手段具有较大的影响。南北纬度差异较大、地形地势复杂多变、东部和西部距海远近差异大等特点使我国呈现出复杂多样的气候特征。依据不同季节气温变化情况，《民用建筑热工设计规范》GB 50176—2016按照建筑热工设计要求进行了气候分区，我国共划分为五个区域，即严寒、寒冷、夏热冬冷、夏热冬暖和温和地区，每个气候分区内都给出针对气候特征的建筑热工设计方法、各区的分区指标及设计要求[94]。气候区的划分使民用建筑热工设计能够因地制宜，以适应我国不同地区的气候条件并加以利用，改善建筑性能，提高效益，符合我国节能方针政策。

对中小学教学楼通风现状的主要调查范围在东北三省的黑龙江、吉林以及辽宁的部分地区，东北三省大部分地区为严寒地区，属温带季风气候，夏季时间短，温暖多雨，冬季时间长，干燥寒冷，整体气温凉爽。东北地区纬度高，冬季受北冰洋寒潮影响，使这一地区比世界同纬度其他地区温度更低、时间更持久，采暖季室内的加热强度远高于同纬度欧美城市[95]。一月份室外温度最冷，最冷月平均气温低于-10℃，一年中的室外平均气温≤5℃的天数大于145天，而且温差较大。

气象数据是预测一个地区建筑自然通风潜力的重要依据[96-99]，其中室外温度和风环境是影响自然通风利用率的主要因素[100-101]。本书以沈阳市的中小学教学楼作为样本进行现场测量和测试分析研究。沈阳属于严寒地区C区，经度、纬度分别为123.38E、41.8N，冬季寒冷，四季分明。根据沈阳地区典型气象年数据（来自中国标准气象数据Chinese Standard Weather Data，CSWD），沈阳地区典型年室外温度和风速变化见图2-1和图2-2。采暖期为每年11月1日到下一年的4月1日（灰色区域），共计151天。由于中小学放寒暑假（虚线框内为假期），教学楼使用时间避开了一年之中部分夏季炎热和冬季寒冷时期。总体来说，沈阳的中小学校全年需热量远远大于冷却量。

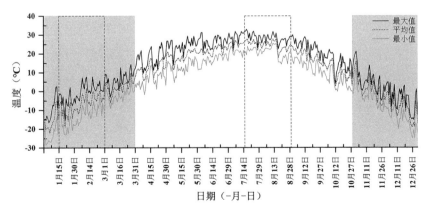

图2-1　沈阳典型年室外温度分布图

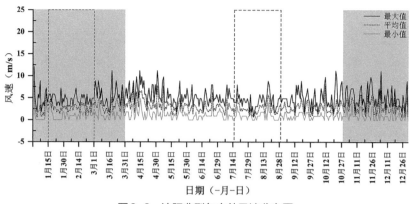

图2-2　沈阳典型年室外风速分布图

2.1.2 中小学教学楼自然通风潜力

自然通风潜力是指仅依靠自然通风就可以保证适合使用者的室内空气品质和室内热舒适性的潜力[102]，可以反映建筑的自然通风利用率。自然通风具有很大不确定性，很多室内外环境和设施条件都会影响自然通风潜力。

大量研究人员对相关因素进行评估，并研究适用于该地区气候条件的自然通风潜力评估模型和方法，主要有气候适应性方法、多标准评估法、有效压差分析法、动态耦合能耗分析法[103]。当前缺少对中小学教学楼的自然通风潜力分析，表2-1是研究人员使用不同研究方法分析严寒地区和寒冷地区居住和办公建筑自然通风潜力的参数指标。不同自然通风潜力分析方法依据不同的影响因素，得到的结果也有一定的差异。首先可以看出，严寒和寒冷地区居住和办公建筑测算的自然通风可利用性整体不高；其次，从自然通风有效时数、自然通风有效性等指标可以看出，和寒冷地区比较，严寒地区自然通风潜力更低。

评价严寒地区气候条件影响下的中小学教学楼自然通风利用率，可以根据自然通风有效温度区间计算自然通风有效小时数和有效性。自然通风有效性计算公式为：

采暖地区自然通风潜力参数指标分析 表2-1

参数指标	沈阳	长春	哈尔滨	乌鲁木齐	呼和浩特	北京	西安	NVP分析模型	参考文献
室外空气质量平均优良率（%）	84.4	—	77.3	70.2	—	63	—	居住	[99]
噪声情况（月平均值，dB）	54.2	—	56.2	55.1	—	53.6	—	居住	[99]
年平均温度（℃）	8.3	7.9	—	7.1	6.2	11.8	13.3	居住	[104]
中性温度（℃）	22.2	22.1	—	21.8	21.6	23.2	23.7	居住	[104]
不舒适冷指数	0.76	0.86	—	0.70	0.83	0.75	0.68	居住	[104]
不舒适热指数	0.24	0.14	—	0.30	0.17	0.25	0.32	居住	[104]
不舒适湿指数	0.12	0.03	—	0.00	0.03	0.13	0.17	居住	[104]
不舒适干燥指数	0.54	0.63	—	0.50	0.67	0.54	0.33	居住	[104]
自然通风有效小时数（h）	—	—	1947	2496	—	2635	3153	办公	[98]
自然通风年有效百分比（%）	—	—	22.2	28.5	—	30.1	36	办公	[98]
得热量为30W/m², 自然通风有效性（%）	26.7	—	25.8	36.6	—	29.0	—	办公	[97]
得热量为30W/m², 自然通风换气次数及标准偏差（次·h⁻¹）	4.6±2.9	—	4.7±3.0	5.4±3.6	—	4.8±3.3	—	办公	[97]
自然通风潜力PDPH值计算结果（总值，Pa·h）	10154	—	11624	6384	2232	6291	1296	居住	[105] [106]

$$自然通风有效性 (\eta) = \frac{x}{8760} \times 100\% \qquad (2-1)$$

式中：η——自然通风有效性；

x——自然通风全年可利用小时数。

研究发现，12℃是可以接受直接自然通风的最小室外温度，空气温度低于16℃时人体有冷感[107]。当室外温度高于28℃时，由于通风温度过高不利于降温，影响热舒适，也不适合采用自然通风。

根据中小学作息时间可知，教学楼使用时间主要集中在日间8：00～17：00，这段时间的室外温度条件是教学楼通风的主要外部影响因素。统计8：00～17：00沈阳典型年室外温度分布情况见图2-3。5～9月份日间温度变化范围在11.83～30.44℃，主要集中在18～26℃，这一时期比较适合建筑的自然通风。4月和10月是采暖期后和采暖期前的两个月，气温变化范围主要集中在2.57～21.99℃，其中高于12℃的小时数只占57.38%，说明这一时期近一半时间也不适合自然通风。采暖期室外温度的变化范围较大，在-19.84～18.87℃之间，高于12℃以上的小时数只占1.3%，而且时间分布非常分散，整个采暖期不适合采用自然通风方式。

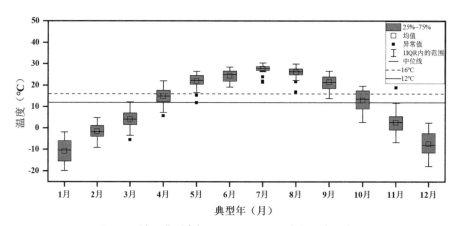

图2-3　沈阳典型全年8：00～17：00室外温度分布图

分别统计全年8：00～17：00总小时数为4015h，其中12～28℃和16～28℃的自然通风有效小时数分别为1810h和1533h。在不考虑室内得热量的前提下，当最低通风温度为12℃时，建筑的自然通风有效性为45.1%；最低通风温度为16℃时，自然通风有效性仅为32.8%，与表2-1中沈阳地区居住建筑自然通风有效性结果差异较大，主要原因是计算居住建筑自然通风有效性时考虑的是全年小时数，而计算中小学教学楼自然通风有效性时只考虑日间的小时数。即便如此，严寒地区中小学教学楼自然通风有效性计算结果表明，在严寒地区大部分时间教学楼都无法完全依赖自然通风方式进行建筑通风。

2.2

教学楼建筑特征与通风方式

为了深入研究严寒地区中小学教学楼通风现状及特点，通过现场调研、图纸、文献与网络资料收集等方式共收集了63所中小学113栋教学楼的建筑资料。其中实地调查的学校共15所，具体为沈阳市6所、长春市4所、哈尔滨市5所，具有完整施工图纸的学校共13所，通过网络收集资料的学校有35所，中小学教学楼信息资料详尽。

2.2.1 中小学教学楼建筑概况

中小学校园的规划受气候条件、用地大小及形状、所处区域建筑密度和道路环境等影响，实地调研的中小学建筑、场地与环境见图2-4。

中小学校园空间普遍比较紧张，缺少绿化和水面，容易受到街区和道路以及周边突发状况的影响，校园微气候调节能力较弱。其规划布局通常以不同空间类型为主导，可以分为以体育场地为主导、以校园公共空间或设施为主导和以校园中心建筑为主导几种模式，也可以将建筑和体育场地分为集中和分散的布局类型[108]。校园的建筑规模一般由两栋或多栋教学楼组成。受严寒地区气候和采光要求的影响，教学楼朝向布置要满足日照，主要为南北朝向。

我国中小学教学楼规划指标与班级数量相关，适宜的建筑规模在18～36个班[109]，但通过对收集的中小学建筑资料统计发现，60%中小学

图2-4　典型中小学建筑、场地与环境状况

规模超过36个班，统计结果见图2-5。单栋教学楼的班级数量主要集中在
18～24个班。

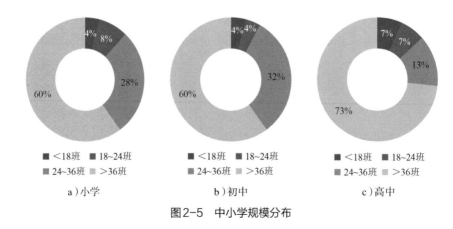

a）小学　　　　　　　　b）初中　　　　　　　　c）高中

图2-5　中小学规模分布

中小学教学楼的建筑平面形式主要与规划形态、建筑群落布局、使用功能以及教学模式等因素有关。根据平面形态，可以分为一字形、线性组合型、围院型、不规则型和对称型布局方式（表2-2）。统计调研数据发现，教学楼中的一字形占47.8%，线性组合型中的L形占22.1%、U形占15%，一字形和线性组合型平面数量之和占调研总数比例近85%。这主要是因为与其他布局形式相比，线性布局更有利于教室空间布置，有利于满足教室的采光、通风、节能等方面要求。

教学楼建筑平面形式　　　　　　　　表2-2

类型	一字形	线性组合型			围院型	不规则型	对称型
		L形	U形	E形			
基本形							
案例学校	双鸭山市南市小学	明水滨泉小学1号楼	经纬小学	奉贤路联合中学初中部	群力新区经纬中学	沿海基地安定中学	大庆市二十三中学
比例	47.8%（54栋）	22.1%（25栋）	15%（17栋）	3.5%（4栋）	1.8%（2栋）	7.1%（8栋）	2.7%（3栋）

2.2.2 教学楼建筑功能和空间特点

教学功能房间主要由教学用房、教学辅助用房组成。中小学教学楼主要围绕教学用房进行设计，普通教室是主要的教学用房，使用率最高，因此教学楼设计首先要满足普通教室的需求。教学用房布置与教学模式相适应，一般教学楼的每一层供一个年级组使用，通过基本教学房间的拼组，形成一个年级的教学单元。调研中发现大部分中小学教室能够符合我国《中小学校设计规范》GB 50099—2011要求，小学的主要教学用房设在一至四层，中学教学用房设在一至五层。根据采光要求，普通教室布置在南向，也有些教学楼由于用房紧张，部分普通教室布置在建筑北侧，不满足日照的要求，对通风也有影响。专业教室和教辅房间通常布置在北向或两侧，办公或其他生活房间主要布置在一楼或高楼层。

　　教学楼内由于不同的使用功能形成了对比鲜明的封闭空间和开敞空间，封闭空间是以普通教室为代表的各种功能用房。教学楼开敞空间主要由水平空间和竖向空间组合而成，主要有走廊、楼梯、中庭等交通空间和共享空间。走廊以水平线性空间形式与基本教学用房、教学辅助用房和办公室等房间组合。常用的走廊空间类型主要有内廊式和封闭外廊式（图2-6）。

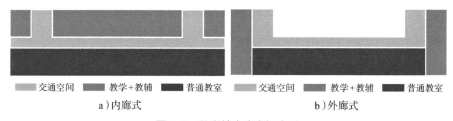

■ 交通空间　　■ 教学+教辅　　■ 普通教室　　　　　　■ 交通空间　　■ 教学+教辅　　■ 普通教室

a）内廊式　　　　　　　　　　　　　　　　　　b）外廊式

图2-6　教学楼走廊空间类型

　　内廊式是指走廊双侧布置房间，是主要采用的平面形式，建筑进深一般在13.5～17.5m，优点是平面的利用率较高，体形系数较小，有利于节能，缺点是北向房间较多，北向房间采光较差，走廊采光率低、通风较差。封闭外廊式建筑进深一般在8～12m，走廊南侧布置房间，避免了北向房间，可以增强采光和通风，但不利于建筑节能。楼梯间是联系各层水平走廊的竖向交通空间，位置分布通常与出入口位置、疏散距离、功能需求等相关。少部分教学楼还设置中庭或局部挑空等竖向空间。教学楼在封闭状态下，走廊和楼梯或中庭能够组合成内部交通空间网络，连通教学楼的每个房间。

2.2.3　教学楼通风方式与通风管理

　　调查发现，严寒地区中小学教学楼普遍采用自然通风作为全年唯一通风方式，主要通过人工开窗或开门换气。在室外气候条件较好、温度适宜时，上下课时间教室几乎均开窗、开门通风；冬季室外温度低，上课时间教室普遍关闭外窗，上课或下课时通常采用开门方式使教室与走廊之间进行换气，下课时大部分教室偶尔开窗通风。长期观察结果显示，开窗时明显有冷风吹风感，长时间开窗会大幅降低室内温度，对室内热环境影响很大。而且，教室是个集体空间，很难根据个人喜好开窗调节室内温度和空气质量，高频率地开窗、关窗行为是不现实的，在冬季基本形成了在老师主导下的开窗行为规律，通常是在下课时间老师要求学生开窗或开门换气。

在通风管理方面，学校管理者针对冬季室内空气质量差的问题制定了相应的通风管理措施。调研中发现一项普遍应对措施，即在采暖期大部分中小学教学楼主入口大门在上学时始终保持开启状态（图2-7），走廊窗户也经常保持开启状态，主要是由楼内清洁人员控制。

图2-7　采暖期间门厅呈开敞状态

在调研过程中和相关管理人员及教师交谈得知，冬季由于教室外窗长期关闭，导致教室内空气不流通，通风量不足，容易造成流行性感冒的传播，甚至造成多个班级全体停课的后果。学校管理者希望能够改善教学楼和教室空气质量，通过保持教学楼入口和教室门开启的方式，让新风进入教学楼和教室内，降低空气污染浓度，提高教学楼室内空气质量。这种开门和开窗的做法在一定程度上保证了教学楼公共空间的空气质量，在教室开门时由于教室和走廊的温差引起的空气流动也能起到改善教室内空气质量的作用，走廊空间成为教室和室外进行空气交换的过渡空间，但存在以下问题：（1）进入门厅和走廊的冷空气没有预热处理，使教学楼公共空间温度过低，测量发现一楼门厅位置与室外温度几乎没差别；（2）由于走廊的空气温度低，容易引起教室内人员舒适性问题，为保证室内温度，教室门也不能保持长时间开启，室内空气质量问题依然无法解决；（3）这种无组织、无定量通风导致大量冷空气进入教学楼，造成了巨大的能源浪费，不符合严寒地区节能保温要求，与教学楼设置双层门、增强建筑密闭性等保温节能的初衷相背离。

2.2.4　教学楼使用特点与管理模式

中小学教学楼有独特的使用特点，教学普遍采用编班授课模式，强调以班级为单位，主要服务对象是少年儿童，每个班级人数是相对固定的，均拥有1间固定的教室。除少量课程和户外互动外，大部分课程都在固定的教学空间通过教师的更替进行教学活动，也就形成了以班级为单位的固有空间形态。我国《中小学校设计规范》GB 50099—2011规定中小学教室人均建筑面积分别为$1.39m^2$/人和$1.36m^2$/人[109]。调研发现每班人数主要集中在28～40人，人均教室面积为$1.30～1.59m^2$，是典型的人员密集型空间，图2-8为调研的中小学教室基本平面布置方式。

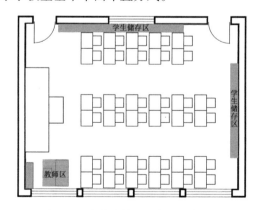

图2-8　中小学普通教室平面布置图

中小学校均有统一的管理模式。在教学方面，学生的课程安排以一周为一个管理单元，课程时间的安排是以一天为一个管理单元，其他大多数日常管理是以一天为一个基本管理单元，例如教学楼开放与关闭、使用时间、卫生保洁、公共场所的门窗控制、教学楼内的活动管理等方面都有统一的管理方式。教学用房的使用主要根据各个学校的课程设置、课时计划和作息时间表等进行安排，不同学校之间有些差异，但每个学校的作息时间是相对固定的。所有班级教学时间保持一致，学校鼓励学生进行户外活动，冬季也是一样，因此教室基本处于上课人满、下课空置的状态。

在具体时间安排上，中小学校每学年包括两个学期和寒、暑假期。调研中发现教学楼的使用时间具有显著的规律性。图2-9为实地调研的一所小学每天课程时间安排情况。学生每天规定在校时间大约9小时，普通上课时间在本班教室或是专业教室中，体育课和体活课根据天气情况选择室外或室内，上午每节课时长普遍为40分钟（本书简称为"40分钟课"），下午每节课时长为30～35分钟（本书简称为"30分钟课"）。课间时间分为长课间和短课间，短课间时长一般是10～15分钟，长课间时长30分钟（上下午各一次），中午午餐和休息时间大约80分钟，全天上课时间累计5～5.5小时。寒暑假假期为35～40天，放假除了满足教学和学生需求外，还有利于节能，因为可以避过一年中最热（7月中旬到8月下旬）和最冷的月份（1月中旬到2月下旬）（详见2.1.2节），节约了大量教学楼制冷或制热所需的能源。

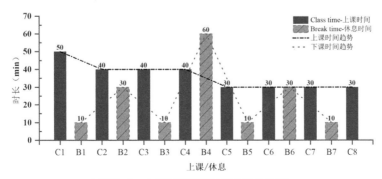

图2-9 上学时期课程时间安排分布图

教学楼通风性能评价方法

2.3.1 教学楼室内空气环境客观评价指标

2.3.1.1 室内空气质量评价指标

1.新风量指标

新风量是保证良好室内空气质量的一个重要标准。换气次数根据空间体积进行新风量计算，是新风量的另外一种表示方法。

不同的空气质量标准、人员密度、停留时间、空间体积等都会影响新风供应量的大小。因此，国内外相关规范对于"新风量"的要求不尽相同。不同规范对新风量、换气次数等参数标准值的要求见表2-3。除常用的新风量、换气次数等参数外，国外学者通常采用换气效率来研究和评价室内空气质量[110]。结合实际调研结果，中小学校教室内的人员密度普遍大于1.0，因此选择20m³/（h·人）作为教室最小新风量的参考值[111]。

室内空气质量测量指标及相关规范 表2-3

相关指标	标准值	参考规范
新风量	小学不宜低于20m³/（h·人） 初中不宜低于25m³/（h·人） 高中不宜低于32m³/（h·人）	《中小学校教室换气卫生要求》GB/T 17226—2017[111]
	人均：30m³/（h·人）	《公共建筑节能设计标准》GB 50189—2015[112]
	$P_F \leqslant 0.4$：28m³/（h·人）* $0.4 < P_F \leqslant 1.0$：24m³/（h·人） $P_F > 1.0$：22m³/（h·人）	《民用建筑供暖通风与空气调节设计规范》GB 50736—2012[113]
	人均最小值：18.3m³/（h·人）	《中小学校设计规范》GB 50099—2011[114]
	设计值：17m³/（h·人）	《公共建筑节能（65%）设计标准》DB21/T1899—2011[115]
	最小值：6.7L/（s·人）	ASHRAE Standard 62.1—2016[116]

续表

相关指标	标准值	参考规范
换气次数	小学：2.5次/h 初中：3.5次/h 高中：4.5次/h	《中小学校教室换气卫生要求》GB/T 17226—2017[111]

注：*P_F指人员密度（m²/人）

2.污染物浓度指标

空气污染物（air pollution）是指因浓度持续超标而引起空气污染的有害物质。保持良好的室内空气质量，必须将室内污染物的浓度控制在允许的范围之内，防止直接或间接地影响使用者的学习、工作、生活。空气污染物的分类及常见组成如图2-10所示。

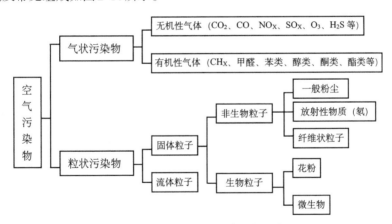

图2-10 空气污染物分类及其组成

中小学教学楼室内污染物主要为可吸入颗粒物（$PM_{2.5}$）、二氧化碳（CO_2）及VOC类污染物。教室是以人为主要污染源的房间，采暖时期教室门窗呈关闭状态时，室内人员的新陈代谢是造成教室室内污染的主要原因，污染物主要为教室使用者呼吸产生的CO_2[117]。尽管CO_2不属于毒性物质，但当空气中的浓度达到一定程度时，也会对人产生有害影响（图2-11）。教室内人员密度高和通风不足是影响CO_2浓度超标程度的主要因素，通过监测CO_2浓度可以直接判断室内空气新鲜程度，当教室内CO_2浓度处于较低水平时，其他污染物浓度也会降低，而当CO_2浓度升高时，由污染物引起的患病率也会升高[118, 119]。儿童能够对室内空气质量的变化做出反应，但儿童对空气质量的感知与教室中的CO_2水平之间没有显著相关性[120]，因此，需要采用仪器监测CO_2浓度变化。当前国内外各规范对CO_2浓度值有明确的限定值，为评价室内空气质量的优劣提供了参考标准，而且CO_2传感器与温湿度测量仪性能已无显著差别，测量简便，成本较低，能够提供准确、可靠的测量数据。教室空气中CO_2浓度受人员密度、房间容积、通风状况的影响，用CO_2浓度作为室内空气质量指标比新风量指标更直接、更精确，可以避免出现通风量过高或不足的现象。因此，确定CO_2浓度为本研究中室内空气质量的主要评价指标。

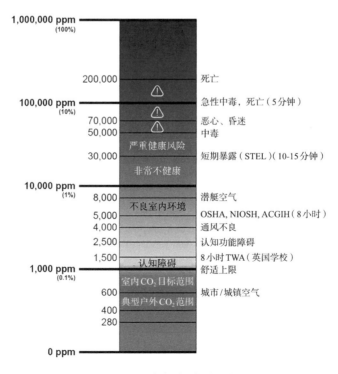

图2-11　CO_2浓度对人体的影响

CO$_2$浓度的限值和参考值一般分为"最大值""日平均值""占用时段平均值"（表2-4）[111, 114, 116, 121-123]。从调研情况发现，教室在上课时间由于人员密集、上课时间长导致空气中的CO$_2$浓度高，而课间休息时学生主要在室外活动，是教室主要通风时间，室内CO$_2$浓度较低，因此，使用CO$_2$日平均浓度值不能准确评价学生上课时间教室的环境状况。相对于CO$_2$日平均浓度值，2017年《中小学教室空气质量规范》T/CAQI 27—2017[121]对教室室内空气质量进行分级，一级室内空气质量的CO$_2$浓度限值为1000ppm（1小时均值），二级室内空气质量的CO$_2$浓度限值为1500ppm（1小时均值），以CO$_2$浓度限值指标评价教室室内空气质量更符合教室实际教学时间和状态。另外，为防止室内CO$_2$浓度振幅过大时的最大值过高，室内CO$_2$最高浓度限值也是常用控制室内空气质量指标，欧美多采用这一指标，美国ASHRAE Standard 62.1-2016[116]规定室内CO$_2$浓度最大值不能超出室外CO$_2$浓度700ppm。英国Building Bulletin 101[123]规定在任何使用时间，CO$_2$的浓度不能超过1000ppm，我国《中小学校设计规范》GB 50099—2011[114]规定使用时段CO$_2$最大浓度值不超过1500ppm（或0.15%）。

CO$_2$浓度指标及参考规范   表2-4

CO$_2$浓度指标	参考规范
日平均最高允许浓度≤0.1%	《中小学校教室换气卫生要求》GB/T 17226-2017[111]
1h平均值≤0.1%	《室内空气质量标准》GB/T 18883-2022[122]
一级浓度限值1h均值≤0.1%	《中小学教室空气质量规范》T/CAQI 27-2017[121]
二级浓度限值1h均值≤0.15%	
最大值0.15%	《中小学校设计规范》GB 50099-2011[114]
室内外CO$_2$浓度差值≤700ppm	ASHRAE Standard 62.1-2016[116]
使用时间CO$_2$的浓度≤1000ppm	Building Bulletin 101[123]

根据以上分析，本研究选择1500ppm作为研究中教室最高CO$_2$浓度的限值，并参照一、二级室内空气质量指标，分别设定教室上课时间的CO$_2$平均浓度1000ppm和1500ppm作为评价指标。

2.3.1.2 室内热环境评价指标

室内热环境变量包括空气干湿球温度、露点温度、水蒸气分压力、相对湿度、空气流速和不对称辐射温度、空气流速湍流度等[124]。以往研究成果显示，室内热环境研究主要涉及6个方面的参数，分别为：空气温度、平均辐射温度、相对湿度、空气流速、服装热阻、人体代谢率。依据不同研究深度，研究人员对室内热环境的参数测量主要呈现3个级别（表2-5）。

室内热环境参数测量的3个级别[125]　　　　　　　　表2-5

级别	热环境、热舒适涉及的参数	参数测量水平高度
第1级	空气温度、平均辐射温度、相对湿度、空气流速、服装热阻、人体代谢率	0.1m；0.6m；1.1m
第2级	空气温度、平均辐射温度、相对湿度、空气流速、服装热阻、人体代谢率	0.6m（坐姿）或1.1m（站姿）
第3级	空气温度、相对湿度	0.6m（坐姿）或1.1m（站姿）

第1级考虑全部6个参数，并全面考虑3个垂直高度水平面（0.1m、0.6m、1.1m）的测量参数状况。第2级也考虑全部6个参数，根据使用者的使用情况只采用某一水平高度作为测量高度，通常来说若使用者呈现坐姿则采用0.6m作为测量高度，这是当前研究普遍采用的测量参数；若使用者呈现站姿则采用1.1m作为测量高度。第3级常见于热环境领域初期的研究成果，一般只考虑空气温度和相对湿度这两个参数。本研究根据严寒地区中小学采暖期服装特点，不考虑0.1m高度参数变化对学生的影响，考虑青少年上学时期的服装特点、与成年人不同的新陈代谢特点，选第2级别作为确定后文室内热环境测量参数的依据。

室内热环境常见的参数及相关规范参考值如表2-6所示。各种规范和标准对严寒地区采暖期的室内温度一般要求为16~24℃；室内相对湿度范围为30%~60%；根据《中小学校设计规范》GB 50099—2011要求，教学楼内不同功能空间的温度要求也不同，规定教室和其他大部分教学用房、办公用房的采暖温度为18℃，交通空间和部分辅助空间的采暖温度为16℃。少数功能空间如体育馆、卫生室分别为15℃和22℃。室内空气流速过大会影响使用者的热舒适和工作效率[72]，冬季或采暖条件下室内空气流速要求不大于0.2m/s[113, 122]。

室内热环境测量指标及相关规范 表2-6

相关指标	推荐值	参考规范
室内温度	严寒和寒冷地区主要房间温度：18～24℃	《民用建筑供暖通风与空气调节设计规范》GB 50736—2012[113]
	采暖设计温度：18℃	《中小学校设计规范》GB 50099—2011[114]
	冬季空调设计一般房间温度：18℃	《公共建筑节能（65%）设计标准》DB21/T 1899—2011[115]
	冬季采暖温度：16℃	《室内空气质量标准》GB/T 18883—2022[122]
相对湿度	热舒适度Ⅰ级：湿度大于30%	《民用建筑供暖通风与空气调节设计规范》GB 50736—2012[113]
	冬季采暖：30%～60%	《室内空气质量标准》GB/T 18883—2022[122]
	空调设计湿度：30%～60%	《公共建筑节能（65%）设计标准》DB21/T1899—2011[115]
空气流速	热舒适度Ⅰ、Ⅱ级：≤0.2m/s	《民用建筑供暖通风与空气调节设计规范》GB 50736—2012[113]
	冬季空调设计风速：$0.1 \leqslant V \leqslant 0.2$	《公共建筑节能（65%）设计标准》DB21/T 1899—2011[115]
	冬季采暖：≤0.2 m/s	《室内空气质量标准》GB/T 18883—2022[122]
	冬季评价条件：＜0.2m/s	《民用建筑室内热湿环境评价标准》GB/T 50785—2012[124]

当前室内空气环境评价的研究中普遍使用操作温度作为热指标[125]，当实际测量条件受限时也有部分研究采用室内空气温度作为热指标。在教室热环境研究前期，笔者对空气温度与平均辐射温度进行测量计算，与曹彬[126]研究结果一致，二者结果相差在±0.5℃范围内，因此本研究采用室内空气温度代替平均辐射温度作为热舒适指标来描述人体热感觉。

2.3.2 教学楼室内空气环境主观评价指标

主观评价涉及与建筑使用者主观感受相关的各种要素，其对使用者需求予以全方位关注。使用者对建筑物理环境的主观评价（subjective evaluation）和满意度（satisfaction）评价是建筑性能评价的重要组成部分，通常与建筑物理环境指标协同评价建筑性能。建筑自然通风性能不仅满足客观要求，更应注重建筑使用者的感受，特别是当前的各种规范、标准和指标主要针对成年人制定，即使是服务于青少年的中小学教学楼设计，也缺少青少年的参与。加强青少年对教学楼使用环境的感受和满意度方面的调查，对改善建筑物理环境，营造更健康、舒适、高效的学习和活动空间是十分必要的。学生对于教室空气环境的主观感受及满意度评价主要包括两方面：一是学生对教室空气质量的感受和满意度评价，二是学生对教室热环境的感受和满意度评价。

2.3.2.1 使用者对空气质量感受和满意度指标

研究发现，人们的身心健康和工作效率与室内环境质量有很大关联[127-128]。早在1989年室内空气品质大会上，丹麦科技大学P. O. Fanger教授首次提出"空气品质反映了满足使用者需求的程度"，此观点首次将"使用者的感受"作为评价建筑物理环境的指标。英国的CIBSE提出了室内空气品质可接受的条件，即室内50%的人不能察觉到任何气味，感觉不舒服的人少于20%。对于空调房间，ASHRAE提出了"可接受的室内空气品质"（acceptable indoor air quality）的两点要求，一是≥80%使用者没有对房间空气表示不满，二是室内空气中污染物浓度未达到对人体健康产生严重威胁的程度[129]。

使用者对建筑室内空气质量的主观评价指标及室内空气环境中污染物的客观浓度，作为建筑物理性能评价的综合指标，能够更加全面科学地评价建筑环境和通风性能。根据建筑通风对室内空气质量的影响，进行使用者对空气质量的主观感受和满意度两个方面评价，评价指标包括空气新鲜度感受投票（the air freshness votes，AFV）和室内空气质量满意度投票（the air satisfaction votes，ASV）。

2.3.2.2 使用者对热环境感受和热舒适指标

建筑通风影响室内热环境，因此，在通风设计中应综合考虑使用者对热环境的感受和满意程度，通过计算舒适温度的范围，为通风设计提供温度参考条件。

影响人体热舒适的因素包括个体和环境两方面，其中个体因素包括人体活动、新陈代谢率和服装热阻，环境因素主要包括空气温度、湿度、空气流速及平均辐射温度。针对使用者对于建筑环境的热感觉、热舒适，Fanger教授提出了热舒适方程[130]及PMV-PPD指标。

热感觉指标分别为实际热感觉投票（thermal sensation vote，TSV）和预测平均热感觉指数（predicted mean vote，PMV）。

PMV旨在预测使用者在某一稳态热环境中对其所处室内热环境的感受。PMV计算公式如下：

$$
\begin{aligned}
PMV = & (0.303 e^{-0.036} + 0.0275)\{M - W - 3.05[5.733 - 0.007(M-W) - P_a\} \\
& -0.42(M - W - 58.2) - 0.0173M(5.867 - P_a) - 0.0014M(34 - t_a) \\
& -3.96 \times 10^{-8} f_{cl}(t_{cl} + 273)^4 - (\bar{t}_r + 273)^4] - f_{cl}h_c(t_{cl} - t_a)
\end{aligned}
\tag{2-2}
$$

式中：PMV——预测平均热感觉指数；

M——人体能量代谢率，决定人体的活动量大小（W/m^2）；

W——人体所做的机械功（W/m^2）；

P_a——人体周围水蒸气分压力（kPa）；

t_a——人体周围空气温度（℃）；

f_{cl}——服装的面积系数，$f_{cl} = 1.0 + 0.25I_{cl}$；

t_{cl}——衣服外表面温度（℃）；

t_r——平均辐射温度（℃）。

由于不同使用者之间存在生理差别，PMV指标不能预测热感觉并代表所有个体。Fanger在PMV理论基础上，提出预测不满意百分比（predicted percent dissatisfied，PPD）指标，并用概率分析法计算，当$PMV=0$时，PPD为5%，只有5%的使用者对其所处热环境感到"不满意"，即预测使用者所处热环境为最佳热舒适状态。PMV与PPD之间的关系，如下：

$$PPD=100-95e^{[-(0.03353PMV^4+0.2179PMV^2)]} \tag{2-3}$$

式中：PMV —— 预测平均热感觉指数；

PPD —— 预测不满意百分比。

当$-0.5 \leqslant PMV \leqslant +0.5$时，$PPD \leqslant 10\%$即为90%预测满意度[124]。$PPD$通过$PMV$计算得出，实际热不满意率百分比则根据小学生热感觉投票TSV得出：将热感觉问卷投票为±2、±3的结果记为对当时热环境不满意投票，某一温度环境下不满意投票人数占总投票人数的百分比记为PPD^*。

利用TSV与PMV可以计算使用者的实际中性温度以及预测中性温度。将学生实际热感觉投票TSV与室内空气温度t_a作线性拟合运算可获得学生热中性温度，同时将TSV和PMV进行对比分析，获取采暖时期室内空气温度与预测热感觉和实际热感觉之间的关系。根据使用者的PPD及PPD^*结果与室内空气温度（t_a）之间的线性关系，可以计算出预测和实测舒适温度区间。

2.3.3 教学楼室内空气环境现场测量方案

2.3.3.1 测量目标与内容

为客观评价严寒地区中小学教学楼的通风性能，调查教学楼全年通风效果、采暖时期教室室内空气质量和热环境状况3个方面的表现，制定3个方面研究的现场测量方案（表2-7）。

第一方面，评价气候条件对教学楼通风效果的影响。对沈阳市中小学的多间教室进行空气质量和热环境监测，涵盖全年不同季节的上学时期，将测量结果和气候条件进行比较，分析不同温度条件下教学楼自然通风性能。第

现场测量方案 表2-7

阶段	研究内容	时间设置	测量对象	测量指标
1	全年空气质量状况	每月不少于10个上学日	随机教室	CO_2/温度/湿度
2	采暖时期室内空气质量	连续测量不少于一周	A1/A2/A3*	CO_2/温度/湿度
3	采暖时期室内热环境与人体热舒适	连续测量不少于一周	B1/B2 C1/C2*	黑球温度/风速
				温度/湿度
				CO_2

注：测量过程所用仪器相关指标信息见2.3.3.2，*对应教室详情见2.3.3.3和2.3.3.4。

二方面，评价冬季教室室内空气环境质量。对样本教室空气质量指标进行连续测量，分析室内CO_2浓度随时间变化的规律和分布特点，并调查学生对空气质量的主观感受与满意度，分析教室室内空气质量相关影响因素。第三方面，评价冬季教室室内热环境。对样本教室室内热环境指标进行连续测量，记录学生行为方式和服装指数，调查学生对热环境的主观感受与满意度，评价室内热环境和计算学生热中性温度和人体实际热舒适温度范围。

图2-12为教室测点布置示意图，中小学普通教室面积普遍为$50\sim70m^2$。第一阶段，在监测室内CO_2浓度时，根据现场条件将空气质量监测仪放在教

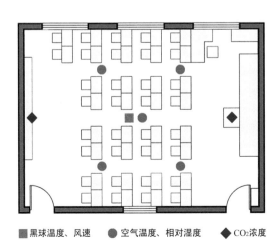

■ 黑球温度、风速　● 空气温度、相对湿度　◆ CO_2浓度

图2-12 普通教室测点布置

室前方的讲桌上或后部的储物柜上，测点距地高度为$1.0 \sim 1.2\mathrm{m}$，仪器兼测温度。在第二阶段，同时考虑3间教室的可比性，空气质量监测仪均放在教室后方的储物柜上，测点距地高度$1.1\mathrm{m}$，与门窗保持距离超过$2\mathrm{m}$，与学生保持距离约$1\mathrm{m}$，兼测温度。测量时期观察并记录3间教室人员数量变化情况和门窗开启频率。进行室内热环境测量时，选用RR002温湿度自测仪测量室内温湿度，选5个温度测量点分散布置，避开门窗位置，测点离墙壁距离$>0.5\mathrm{m}$，距地高度$0.7\mathrm{m}$，同时按照第二阶段仪器放置方式测量室内CO_2浓度。

2.3.3.2 测量仪器选择

在现场测量时期，根据测量指标、测量目的和测量时期分别选取适用的测量仪器（表2-8）。仪器详细情况如下：

1. TSI Q-TRAK7575室内空气质量监测仪

TSI Q-TRAK 7575室内空气质量监测仪顶端集成插拔式多功能探头端口，使用者可以根据实际测量的需要快速连接不同功能的测量探头，对测量环境中的CO浓度、CO_2浓度、温度、相对湿度、风速等参数进行现场快速测量。TSI Q-TRAK 7575便于携带进行现场实时测量，也可满足定点长时间监测并自动储存测量数据。在本研究中主要用于室内风速测量。

测量仪器及其精度 表2-8

仪器名称	测试指标	测试范围	仪器精度	仪器照片	应用阶段
TSI Q-TRAK7575室内空气质量监测仪	风速	$0 \sim 50\mathrm{m/s}$	$\pm 3\%$		二/三
TELAIRE-7001 CO_2气体检测仪	温度	$0 \sim 50℃$	$\pm 1℃$		一
	相对湿度	$5\% \sim 95\%$	$\pm 2.5\%$		
	CO_2浓度	$0 \sim 10000\mathrm{ppm}$	$\pm 5\%$ 或 $\pm 50\mathrm{ppm}$		

续表

仪器名称	测试指标	测试范围	仪器精度	仪器照片	应用阶段
RR002温湿度 自测仪	温度	$-40\sim85℃$	$\pm0.6℃$		三
	相对湿度	$0\sim100\%$	$\pm3\%$		
HOBO MX1102 CO_2记录仪	温度	$0\sim50℃$	$\pm0.21℃$		一/二/三
	相对湿度	$1\%\sim99\%$	$\pm0.01\%$		
	CO_2浓度	$0\sim5000ppm$	$\pm5\%$或 $\pm50ppm$		
AZ-7752 CO_2 检测仪	温度	$-10\sim60℃$	$\pm0.6℃$		一
	CO_2浓度	$0\sim10000ppm$	$0\sim5000ppm$ $\pm5\%$ 或$\pm50ppm$		
JT2020 多功能 测试仪	温度	$-20\sim120℃$	$\pm3\%$		三
	相对湿度	$10\%\sim95\%RH$	$\pm3\%$		
	黑球温度	$0\sim50℃$	$\pm0.5℃$		
	风速	$0\sim5m/s$	$\pm0.03m/s$		

2. TELAIRE-7001 CO_2气体检测仪

TELAIRE-7001气体检测仪稳定性较强，可检测CO_2浓度和温度，非常适合手持式操作。在本研究中主要用于教学楼室内外多点间歇式CO_2浓度测量。

3. RR002温湿度自测仪

RR002温湿度自测仪成本低、体积小、易于粘贴和放在教室各个位置，对学生无影响。在本研究中主要用于教室室内温度、湿度连续测量。

4. HOBO MX1102 CO_2记录仪

HOBO MX1102A记录仪可以同时监测CO_2、温度和相对湿度数据。在本研究中主要用于教室室内CO_2浓度分布数据采集，连续测量室内环境参数。

5. AZ-7752 CO_2检测仪

AZ-7752 CO_2检测仪具有使用简便，携带方便等特点。本研究中主要用于教学楼内部空间的CO_2浓度和温度测量。

6. JT2020 多功能测试仪

该多功能测试仪可同时连接多个传感器(探头)并进行测量,可测量室内空气环境、室内微风速,还可以测黑球温度、空气温湿度等,实现3个指标同时测量(可同时连接任意3种)。在本研究中主要用于测量室内风速和黑球温度。

2.3.3.3 室内空气质量评价的样本教室

选取沈阳市一所小学(样本1)的自然通风教学楼建筑A作为室内空气质量研究样本建筑。样本1小学位于城市中心区,周围建筑密度较高,校园为半围合式,以操场为中心,两栋教学楼并列式布局,在校园中的位置及周边环境见图2-13。

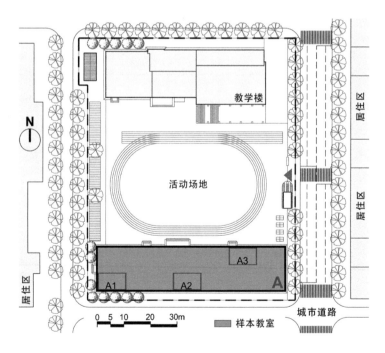

图2-13 小学样本1总平面图

教学楼A建于1999年，共6层，为一字型南北朝向建筑，钢筋混凝土框架结构，砖砌墙体，没有外保温。教学楼A的布局、功能和空间设计特点在近几十年来中国严寒地区中小学建筑中具有代表性。教学楼平面布置为内走廊式，南北布置教室，两部竖向楼梯。采暖期间用热水散热器辐射采暖，全年采用自然通风方式，没有配备任何机械通风设施，所有教室均通过人工开窗通风。

教学楼A共有44间普通教室，供4～6年级44个班级使用。普通教室集中在1～4层，其中28间朝南，16间朝北。研究选取教学楼4层不同朝向和位置（中间、靠边）的3间5年级教室作为客观数据采集对象，分别是南向的A1、A2教室，北向的A3教室。同时，测量走廊内CO_2浓度，教室位置和走廊测点见图2-14。

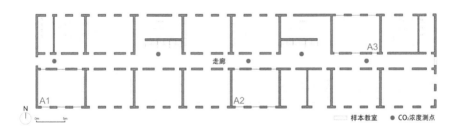

图2-14 教学楼A标准层平面图

3间教室尺寸均为8.4m×6.6m，室内净高3.15m，教室面积为55.44m²。样本教室A1、A2、A3的班级人数分别为33、38、36人，生均面积分别为1.68m²、1.46m²、1.54m²。3间样本教室的详细信息汇总如表2-9所示。教学楼A的3间样本教室及走廊现场照片见图2-15。

教学楼A样本教室信息汇总　　　　　　　表2-9

学　校		教学楼A					
教室编号		A1		A2		A3	
学生人数（人）	男（人）	33	17	38	15	36	12
	女（人）		16		23		24

续表

学　校	教学楼A		
学生年龄（岁）	10～11	9～11	10～11
教室尺寸（m）$L \times W \times H$	$8.4 \times 6.6 \times 3.15$	$8.4 \times 6.6 \times 3.15$	$8.4 \times 6.6 \times 3.15$
门尺寸（m）$W \times H \times$ 个	$2.1 \times 0.9 \times 2$	$2.1 \times 0.9 \times 2$	$2.1 \times 0.9 \times 2$
外窗尺寸（m）$W \times H \times$ 个	$1.8 \times 1.5 \times 3$	$1.8 \times 1.5 \times 3$	$1.8 \times 1.5 \times 3$
内窗尺寸（m）$W \times H \times$ 个	$1.5 \times 0.9 \times 1$	$1.5 \times 0.9 \times 1$	$1.5 \times 0.9 \times 1$
墙体保温措施	无	无	无
通风方式	自然通风	自然通风	自然通风
供暖方式	热水散热器	热水散热器	热水散热器
所在楼层	4层	4层	4层
朝　向	南向	南向	北向

a）样本教室A1

c）样本教室A3

b）样本教室A2

d）四楼走廊

图2-15　教学楼及样本教室

2.3.3.4 室内热环境评价的样本教室

为了调查严寒地区采暖时期教学楼室内热环境,选取沈阳市一所小学(样本2)的教学楼B和教学楼C作为研究对象,两栋教学楼均为自然通风建筑,小学校园及周边环境见图2-16。小学南面紧邻城市次干道,两栋教学楼建筑与北侧住宅共同围合成校园空间。

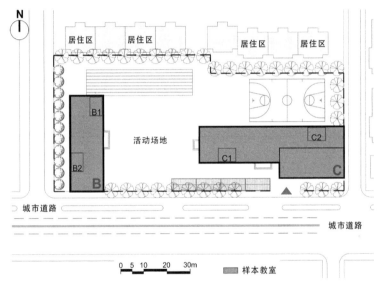

图2-16 小学样本2总平面图

根据沈阳典型年采暖时期温度变化特点可知,严寒地区采暖时期室外温度变化较大,而不同室外温度会影响供暖温度、学生服装、教学楼内温度等,为获取更加准确的学生热中性温度和舒适温度范围,测量时期选择在2016年12月和2017年3月,分两次对教学楼B和教学楼C中各2间教室进行连续测量,并对4间教室内的学生各进行12次问卷调查(问卷情况详见2.3.4)。

教学楼B建筑层数4层,墙体没有保温措施;教学楼C建筑层数5层,外墙保温。两栋教学楼均为钢筋混凝土框架结构,砖砌墙体。其他如平面形式、教室布置、楼梯布置方式等与前述教学楼A基本一致。教学楼B和C供暖方式为电热膜辐射采暖。

样本教室B1、B2分别位于教学楼B的2层和4层，教学楼B标准层平面及2间教室在教学楼中的平面位置见图2-17。样本教室B1为东向教室，位于教学楼的东北角；B2为西向教室，位于教学楼西侧中部。2间教室尺寸均为8.6m×5.8m，室内净高3.2m，教室面积为49.88m²。样本教室B1、B2的班级人数分别为33、41人，生均面积分别为1.51m²、1.22m²。

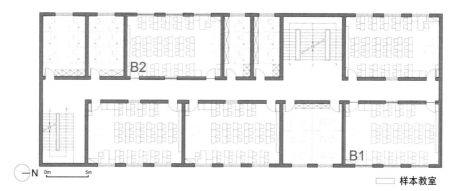

图2-17　教学楼B标准层平面图

样本教室C1、C2位于教学楼C的4层，教室C1为南向教室，C2为北向教室，教学楼C的4层平面及2间教室位置见图2-18。教室尺寸均为

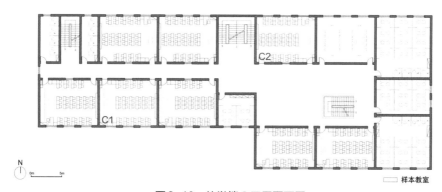

图2-18　教学楼C四层平面图

$8.7m \times 6.4m$，室内净高 $3.2m$，教室面积为 $55.68m^2$。样本教室 C1、C2 的班级人数分别为 34、33 人，生均面积分别为 $1.64m^2$、$1.69m^2$。

　教学楼 B 和教学楼 C 以及 4 间样本教室的详细信息汇总如表 2-10。教学楼 B 和教学楼 C 均采用自然通风方式，教学楼 B 有吹风扇，教学楼 C 无其他通风设施，4 间教室均采用电热膜辐射采暖，样本教室现场照片见图 2-19。

教学楼B和教学楼C样本教室信息汇总　　　　　　表2-10

学　　校		教学楼B		教学楼C	
教室编号		B1	B2	C1	C2
学生人数（人）	男（人）	33　18	41　19	34　17	33　17
	女（人）	15	22	17	16
学生年龄（岁）		10～11	9～10	10～11	9～11
教室尺寸（m）$L \times W \times H$		8.6×5.8×3.2		8.7m×6.4×3.2	
门尺寸（m）$W \times H \times$ 个		2.1×0.9×2		2.1×0.9×2	
外窗尺（m）$W \times H \times$ 个		1.7×2.0×3		2.4×2.0×3	1.0×2.0×1
					2.4×2.0×2
内窗尺寸（m）$W \times H \times$ 个		1.5×0.9×1		1.5×0.9×1	
墙体保温措施		无		外墙保温	
通风方式		自然通风		自然通风	
供暖方式		电热膜		电热膜	
所在楼层		2层	4层	4层	4层
朝　　向		东向	西向	南向	北向

2.3.4 室内空气环境的主观调查问卷设计

　对学生进行问卷调查的主要目的是主观评价教学楼室内空气环境。使用者对教室空气环境的主观感受和评价主要针对空气质量和热环境两个方面，包括使用者的空气新鲜度感受、空气环境满意度、室内温度热感受、热满意度等方面。通过调查中小学生对室内空气质量和室内热环境的感受与满意

a）样本教室B1

b）样本教室B2

c）样本教室C1

d）样本教室C2

图2-19　样本教室

度评价，分析中小学生的感受与目前标准（以成年人为研究对象）之间的差异，根据使用者热感觉投票计算中性温度和舒适温度范围，为中小学教学楼通风设计提供温度设计依据。

调查问卷设计过程包括确定问卷内容、投票标度分级、问卷填写时期和回收方法。

调查问卷包括基本信息和使用者主观感受与评价两方面内容。基本信息包括：学生的班级、性别、年龄、着装情况、答卷前活动状态。在调查问卷中设置服装选项供学生选择。根据对学生上学期间着装的观察和访谈记录，冬季学生主要着装类型见表2-11，可以根据学生选择的服装类型进行热阻值量化分析[124]，服装热阻用I_{cl}表示，单位为clo。1clo=0.155℃·m²/W。

服装信息及对应服装热阻（I_{cl}） 表2-11

上装	□背心	□衬衫	□秋衣	□毛衣	□马甲	□羽绒服
I_{cl}（clo）/体感温度修正值（℃）	0.04/0.3	0.12/0.8	0.15/0.9	0.28/1.7	0.12/0.8	0.55/3.4
下装	□短裤	□衬裤	□绒裤	□外裤	□袜	□鞋
I_{cl}（clo）/体感温度修正值（℃）	0.03/0.2	0.10/0.6	0.28/1.7	0.25/1.6	0.02/0.1	0.04/0.3

通过了解学生的活动状态及着装情况，结合学生的年龄、身高、体重，可以确定使用者的新陈代谢率。相同活动水平下，普通成年人和9～18岁青少年的新陈代谢率不同[131, 132]，青少年代谢率比成年人高，对温度的敏感程度低于成年人[133]。问卷调查选择在上课时期，在回答问卷前的学生活动状态是听课、写字或读书等静坐20分钟以上，根据常见活动的代谢率表2-12[124]和以往研究[132]中小学生上课期间新陈代谢率，将其取值为1.2Met（69.89W/m²）。

常见活动的新陈代谢率 表2-12

常见活动	代谢率		
	W/m²	Met	kcal/(min·m²)
斜倚	46.52	0.8	0.67
坐姿，轻松	58.15	1.0	0.83
坐姿活动	69.78	1.2	1.00

在对投票标度分级的设计过程中，进行大量调研和准备工作，包括有关问卷调查的文献研究、与学生自由访谈、给测试班级学生做相关讲座和解答、与班主任讨论等。邀请样本班级的班主任参与问卷问题及选项的制定，教师的参与一方面能够确认问卷的可行性，另一方面可以获取更多学生习惯和偏好，以确保学生能够读懂问题和选项，并根据自身感受做出准确判断。

随机对学生访谈和给学生做讲座，讲解空气质量和热环境、热舒适相关方面知识，发现大部分受访的学生都能了解空气质量、室内空气热环境与热舒适等概念。

在学生对室内空气质量感受方面，空气新鲜度感受投票（AFV）的范围通常为5级或7级，然而研究人员在和学生的交流中发现，他们很难分辨空气新鲜还是非常新鲜，但是能感觉不太新鲜（感到呼吸发闷）、闻到异味。根据学生分辨空气新鲜程度能力，在提问对空气新鲜度的感受时设立4级选项，即"空气新鲜"（A）、"空气不新鲜"（B）、"空气不新鲜+偶有异味"（C）、"空气常有异味"（D）。

在对室内热感受方面，学生能够明确说出对教室等主要功能空间的温度、相对湿度的感受。同时，根据以往研究结果[134, 135]显示，儿童心理学家认为7岁以上儿童能够在不同程度的环境中区分7级标度，为了准确预测人体中性温度，热感觉采用ASHRAE7级标度。

在学生对教室空气环境满意度投票方面，对空气质量和热环境的满意度投票标度统一为5级。

综合以上研究，室内空气环境的主观评价内容及相应的评价标度如表2-13所示。

热感觉、空气感受和空气环境满意度量表 表2-13

热感觉	很热（3）	热（2）	暖（1）	正好（0）	凉（−1）	冷（−2）	很冷（−3）
空气感受	新鲜（4）		不新鲜（3）		不新鲜+偶有异味（2）		常有异味（1）
温度满意度	非常满意（5）	比较满意（4）		一般（3）	不太满意（2）		非常不满意（1）
湿度满意度	非常满意（5）	比较满意（4）		一般（3）	不太满意（2）		非常不满意（1）
空气满意度	非常满意（5）	比较满意（4）		一般（3）	不太满意（2）		非常不满意（1）

通过测试一个班级的学生完成一份调查问卷的时间发现，学生填写问卷用时约3～5分钟（图2-20）。因此，每次发放问卷时间均选择距离每节课下课5～10分钟的时间，而且要求学生保持坐姿学习或写字状态25～35分钟，没有其他活动。对于只做一次问卷的班级，在发放问卷后由研究人员讲解问卷内容和填写方法。对连续调查学生热舒适的问卷，由研究人员讲解一次后，以后相同问卷不再重复。

空气质量调查问卷对每个班级的学生在同一时期进行一次，同时记录问卷时期的室内CO_2浓度。热舒适调查问卷选择3个时间点（即8：40、10：15

图2-20　问卷调查测试现场

和15∶40）发放，每个学生需要在选择的4天中每个时段回答问卷，每班回答问卷12次。为了确保学生能够轻松理解问题，问卷中的每个项目都以简单的语汇呈现。问卷填写完成后确认有效调查问卷数量，进行问卷数据分析。

本章小结

本章根据严寒地区气候条件，计算沈阳地区中小学教学楼自然通风潜力。通过对严寒地区中小学教学楼建筑的现场调研、搜集相关设计资料，归纳总结严寒地区教学楼建筑特点，分析通风现状及存在的问题，并根据调研和分析结果制定教学楼室内空气环境评价方法。主要结论如下：

（1）严寒地区教学楼自然通风受低温气候条件影响较大，中小学教学楼自然通风潜力计算结果显示自然通风有效性低于30%，说明严寒地区中小学教学楼大部分时间仅依靠自然通风不能保证良好的室内空气环境。

（2）中小学教学楼功能与空间特点显著，在冬季时由于节能保温需要保持建筑密闭状态，交通空间和其他公共空间在教学楼内部形成了水平和垂直的网络空间可以成为闭合空间。中小学教学楼的另一主要特点是管理模式的统一性。这两方面都为进一步研究严寒地区中小学教学楼的通风提供了有利的参考条件。

（3）根据对中小学教学楼的调研与分析，发现教学楼在冬季时采用一楼门厅对外敞开、走廊开窗、课间教室开窗等通风应对措施，与节能设计要求建筑的密闭性相违背。同时，这些通风应对措施的有效性需要进一步测量与分析验证，以判断可利用的价值。

（4）建立主客观评价教学楼自然通风性能的方法。设计通风性能物理测量方案和调查问卷，确定 CO_2 浓度作为室内空气质量客观评价指标。明确了中小学生具有主观感受和主观判断的能力，设计适合学生的投票标度分级，分别为：空气感受4级标度、热感觉采用7级标度、空气质量和热环境的满意度投票标度均为5级。

第 3 章

严寒地区中小学教学楼通风性能评价与分析

室内热湿环境（简称热环境）与室内空气品质共同构成室内空气环境。室内空气环境的优劣是检验建筑通风性能的重要标准。本章采用主客观相结合的方法，通过对教室空气质量、热环境的现场测量，同时对使用者的问卷调查，评价教学楼现状空气环境，分析教学楼通风性能及相关影响因素，为进一步解决教学楼通风问题提供研究基础。主要研究内容包括：根据严寒地区全年气候特点，在全年各时段对多间教室室内CO_2浓度进行现场测量，评价室内空气质量，分析影响中小学教学楼自然通风性能的室外温度条件；在采暖时期对样本教室室内CO_2浓度进行连续测量，分析教室CO_2浓度超标程度，CO_2浓度随时间变化及分布规律，计算CO_2浓度变化速率；通过学生对教室空气质量的主观评价，调查学生对室内空气质量的感受和满意度；通过对样本教室采暖期室内温度、湿度和风速的连续测量，分析评价室内热环境；调查学生对教室热环境的热感觉和满意度，根据多次问卷结果和物理测量值计算学生热中性温度和舒适温度范围；根据建筑通风性能分析与评价结果，总结教室通风主要影响因素，利用正交分析法对这些因素的影响程度进行分析。

3.1
教室空气质量调查与评价分析

3.1.1 气候条件影响下的建筑通风性能分析

为分析严寒地区不同室外温度条件下的教学楼自然通风性能，在2016年1月～2017年3月，随机选择4所学校的36间普通教室作为样本，在上学时期（包括上课和下课时间）对室内CO_2浓度进行测量。根据沈阳典型年室外温度变化特点（图2-2）确定测量时期，为尽可能覆盖上学时期室外温度范围，上学时期每月选取1～2周进行测量。为对比采暖期（头年11月～次年3月）和非采暖期（4～10月）的室内空气质量差异，每月测量天数尽量保持一致，其中有效测量天数（周一～周五）为采暖期测量55天，非采暖期测量130天。每间教室测量时间至少连续测量2节课。

统计全年、采暖期和非采暖期上课时间的教室CO_2浓度、每节课平均CO_2浓度的分布情况见图3-1。从全年的CO_2浓度超标情况看，大部分超标时间集中在采暖期，教室CO_2浓度值超过1500ppm的时间达到40.91%。非采暖期教室CO_2浓度值超过1500ppm的时间达到14.89%，集中分布在4月和10月，这两个月份在采暖期前后，室外温度相对其他非采暖月份较低，大部分时间低于16℃。统计教室每节课CO_2平均浓度发现，在采暖期，CO_2平均浓度超过1000ppm的课时占总课时的69.06%，超过1500ppm的课时占总课时的47.50%，超标情况非常严重；在非采暖期，CO_2平均浓度超过1000ppm和1500ppm的课时分别占总课时的35.42%和12.92%。从以上可以看出，教室上课时间CO_2平均浓度值超标情况主要集中在采暖期和室外温度较低的采暖期前后1个月。

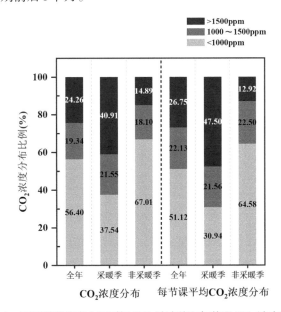

图3-1 不同时期教室上课时间CO_2浓度值和每节课CO_2浓度平均值分布

为进一步分析室外温度环境对教室现状通风性能的影响，统计室外日平均温度在低于12℃、12～16℃和高于16℃的3个温度区间所对应的上课时间的CO_2浓度值分布情况（表3-1）。可以看出，当室外温度低于12℃时，45.56%上课时间的室内CO_2浓度超出最高限值1500ppm，70.12%上课时间的室内CO_2平均浓度超过标准值1000ppm，50.61%上课时间的室内CO_2平均浓度超过1500ppm，可见室内通风量严重不足；当室外温度在12～16℃时，20.67%上课时间的室内CO_2浓度超出最高限值1500ppm，CO_2平均浓度超过1500ppm的比例大大改善，只有25%，上课时间的室内CO_2平均浓度超过标准值1000ppm的比例改善较小，仍然达到62.5%，说明室内的通风量有所改善，但明显不足；而当室外温度高于16℃时，6.47%上课时间的室内CO_2浓度超过1500ppm，5.98%上课时间的室内CO_2平均浓度超过1500ppm，说明教室通风量基本满足要求，但仍有26.09%上课时间的CO_2平均浓度超过标准值1000ppm，这一结果表明，即使在室外温度条件有利的通风环境下，室内空气质量要达到一级标准的难度也较大。

不同室外温度条件下教室CO_2超标百分比　　　　　　表3-1

室外日平均温度（℃）	最高CO_2浓度值超标（>1500ppm）比例（%）	小时平均CO_2浓度值超标比例（%）		通风量
		>1000ppm	>1500ppm	
<12	45.56	70.12	50.61	严重不足
12～16	20.67	62.5	25	明显不足
>16	6.47	26.09	5.98	基本满足

以上统计与分析表明，室内CO_2浓度超标问题主要集中在室外低温时期。根据严寒地区气候特点，统计典型年采暖时期上学期间室外温度，98.7%时间室外温度低于12℃，是低温主要分布时期，说明严寒地区中小学教学楼在采暖期采用的自然通风方式缺乏有效性。室外气温在16℃以上时，教室通风良好，能够基本满足室内空气质量要求。以上研究结果可作为建筑师在教室通风设计中确定适宜自然通风的室外温度条件的依据。

3.1.2 教室空气质量现场测量结果与分析

研究选取样本1小学的3间样本教室，其中2间南向教室（A1、A2）和1间北向教室（A3），以及教学楼走廊的5个位置对CO_2浓度进行连续监测。监测时间从2016年3月7日（周一）7：00～3月11日（周五）18：00。样本教室的每天作息时间见表3-2。

样本教室作息表　　　　　　　　　表3-2

上午			午休	下午		
行为	时间	时长（min）	时间	行为	时间	时长（min）
课前准备	7:50～8:00	10		C-T5	13:05～13:35	30
C-T*1	8:00～8:40	40		I-T5	13:35～13:45	10
I-T**1	8:40～8:55	15		C-T6	13:45～14:15	30
C-T2	8:55～9:35	40	11:45～13:05	I-T6	14:15～15:00	45
I-T2	9:35～10:15	40		C-T7	15:00～15:30	30
C-T3	10:15～10:55	40		I-T7	15:30～15:40	10
I-T3	10:55～11:10	15		C-T8	15:40～16:10	30
C-T4	11:10～11:45	35		放学准备	16:10～16:30	20

注：*C-T，class time代表上课时间，数字代表第几节，**I-T，intermittent代表课间时间，数字代表第几个课间时间。

测量期间的室外温度数据来自中国气象数据网（http：//data.cma.cn/）。测量期间7：00～17：00的室外温度变化范围分别为：3月7日（周一）-4～2℃；3月8日（星期二）-7～-1℃；3月9日（星期三）-7～-1℃；3月10日（星期四）-7～0℃；3月11日（星期五）-11～2℃。同时，使用手持CO_2气体测试仪（TELAIRE 7001）于测量期间的7：00和17：00在学校操场测量室外CO_2浓度。此间室外CO_2浓度范围为358～425ppm，平均值为384ppm。因此本研究选取国际惯例常用值380ppm作为室外CO_2浓度值。

测量时期，教学楼保持日常状态。对3间样本教室的门窗开启行为和学生活动及人数变化进行观察记录，3间教室开门、开窗的规律为：上课时间

3间教室人数固定且保持坐姿和学习状态，基本不开窗，开门主要是根据老师意愿，或者是有学生临时出入教室开关门。下午自习课时学生有短暂离开座位，或出入教室的现象。课间休息时，A1班和A2班有开窗行为，但开窗时间短、频率低，A3班下课时间几乎不开窗。下课时间学生出入教室频繁，A1班和A2班教室门在长课间和短课间基本处于开启状态，A3班教室门在短课间时学生保持随手关门习惯，长课间时教室门一般为开启状态。

1.上学时间教室CO_2浓度分布变化规律

测量时期3间教室的CO_2浓度随时间变化的趋势特点如图3-2所示。可以看出，教室的CO_2浓度变化主要受教室使用状态影响。3间教室CO_2浓度的变化趋势基本一致，主要表现为上课时升高、下课时下降。教室使用时间（灰色条部分）包括上课时间和课间时间，CO_2浓度的变化幅度较大，变化范围为395～5000ppm。教室每天的CO_2浓度最大值均出现在使用时期，A3教室星期一和星期二的最大值均达到5000ppm（仪器能测到的最高极限值），A1教室的最大值4982ppm出现在星期二，A2教室最大值3736ppm出现在星期五，都远远大于参考最大值1500ppm。

每天6：50～7：00教室的CO_2浓度平均值为376～628ppm。7：15开始有学生陆续抵达教室，室内CO_2浓度逐渐升高，7：45左右全体学生基本到教室，室内CO_2浓度一般已经超过1000ppm。8：00上课时，室内CO_2浓度普遍超过1500ppm。中午休息时由于室外温度升高、教室开窗换气，是CO_2浓度下降幅度最大的时间段。下午上课时间教室CO_2出现明显的回升现象。3间教室的最小值范围为374～549ppm，均出现在非使用时间段（无色条部分）。学生不在学校时期，CO_2浓度逐渐下降直到接近室外CO_2浓度值，然后保持平稳状态。

另一种现象是3间教室上午室内CO_2平均浓度普遍高于下午，最大值一般出现在上午，造成这种现象的主要原因有3个方面：一是教学课程安排的影响。为保证学生听课的专注度，讲述课程在上午4节课中占3～4节，下午4节课中一般只有2节讲述课，其他为户外体育活动或者是室内相对自由

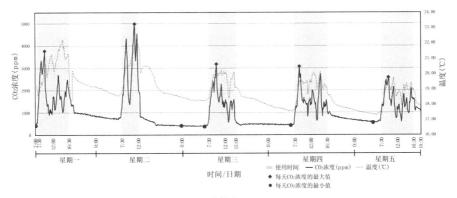

a）教室 A1

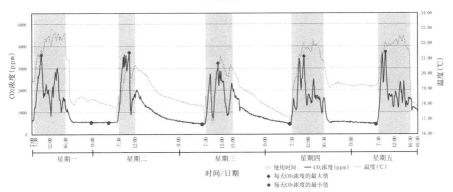

b）教室 A2

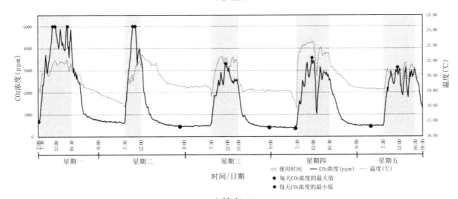

c）教室 A3

图3-2 样本教室的温度及 CO_2 浓度值

的自习课；二是上课时长的影响。测量样本教室的CO_2浓度在上午每节40分钟课高于下午的每节30分钟课，时间的长短对CO_2浓度影响较大；三是与室外温度相关。统计发现教室下午的开窗行为明显高于上午，这与严寒地区冬季下午室外平均温度普遍高于上午有关。

3间教室在上课时间的室内CO_2浓度水平分布如图3-3所示。上课时间3间教室室内CO_2浓度分布［图3-3a)］范围分别为696～4982ppm（A1）、884～3736ppm（A2）、1254～5000ppm（A3）。CO_2浓度中位数（median value）水平分别为1875（A1）、2093（A2）、2766（A3），CO_2浓度超过1500ppm时间占比分别为93.94%（A1）、99.05%（A2）、100%（A3）。以上结果显示出上课时大部分时间教室CO_2浓度处于较高的水平。

从3间教室的CO_2初始浓度和每节课CO_2平均浓度［图3-3b)］可以看出，教室的初始CO_2浓度值越高其平均值越高。初始浓度过高的原因主要有两个方面：一是上一节课累计的CO_2浓度过高，二是课间休息时通风未能使CO_2浓度降到理想的初始值。

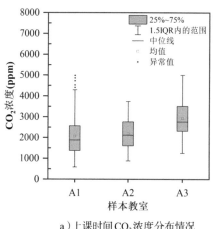

a）上课时间CO_2浓度分布情况　　　b）上课时间CO_2浓度的初始值及平均值

图3-3　CO_2浓度分布情况

在测量教室CO_2浓度的同时，每天上午在上课和下课时也对教室外的走廊CO_2浓度变化情况进行监测，图3-4显示5天监测的不同时间走廊CO_2浓度平均值。可以看出，走廊CO_2浓度随上课和下课时间波动逐步升高。对比相邻上课和下课时间走廊的CO_2浓度平均值可以看出，下课时间均明显高于上课时间，但两者均远远低于同时期教室内CO_2浓度。这一结果说明走廊CO_2浓度受到学生进入走廊和教室开门换气的影响，下课时由于学生进入走廊，教室门打开频率高、时间长，导致走廊的CO_2浓度快速上升。

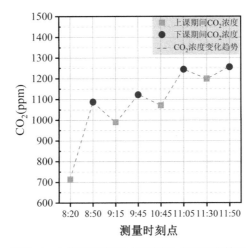

图3-4 上课和下课期间走廊CO_2浓度变化情况

A3教室下课时不开窗，下课时间开门后依然出现室内CO_2浓度降低、走廊空间CO_2浓度升高的现象，说明教室与走廊空间发生气体交换。

2.教室CO_2浓度变化率与通风量

CO_2浓度的高低既可以定性评价室内空气质量的好坏和通风是否满足要求，还可以用来计算房间的通风量，量化分析通风效果。为全面了解教室CO_2浓度在上课和下课时间的累积和消散状况，采用各个上课时间段的初始值和最终值，对3间教室的通风量和换气率进行量化分析。根据我国《中小学校教室换气卫生要求》GB/T 17226—2017[111]，小学教室的室内推荐通风量不应低于20m³/（h·人）［5.556L/（s·人）］。

利用室内外 CO_2 浓度差值计算通风量的公式为[47]：

$$C_t = C_{ext} + \frac{G}{Q} - \left(C_{ext} - C_0 + \frac{G}{Q} \right) e^{(-Qt/V)} \tag{3-1}$$

式中：C_t——室内 CO_2 即时浓度（ppm）；

$\quad\quad C_{ext}$——室外 CO_2 即时浓度（ppm）；

$\quad\quad G$——空间内 CO_2 的生成效率（cm^3/s）；

$\quad\quad Q$——室内外空气交换率（m^3/s）；

$\quad\quad C_0$——室内 CO_2 初始浓度（ppm）；

$\quad\quad V$——房间体积（m^3）；

$\quad\quad t$——时间（s）。

在非上课时间，教室空置状态时，$G=0$，式（3-1）可表示为：

$$Q = -\frac{V}{t} \ln \left(\frac{C_t - C_{ext}}{C_0 - C_{ext}} \right) \tag{3-2}$$

在不考虑性别差异的前提下，学生的人均 CO_2 排放量约为 0.0039L/s，成人的人均 CO_2 排放量约为 0.0054L/s[136]。3 间教室使用者年龄和性别分布差异很小，可忽略不计。上课时间以及课间时间 CO_2 浓度的变化速率（VR）可由 CO_2 的初始浓度和终止浓度计算得出，公式如下：

$$VR = \frac{C_t - C_0}{t} \tag{3-3}$$

上课时间由于教室常处于密闭状态，教室 CO_2 浓度上升的幅度惊人，根据公式（3-3）计算 3 间教室上课时间 CO_2 浓度的最快变化速度结果见表 3-3 所示。

A1 教室的 CO_2 浓度最快上升速度为 46.3ppm/min，CO_2 浓度会在 35 分钟内增加 1621ppm；A2 教室的 CO_2 浓度最快上升速度为 44.5ppm/min，CO_2 浓度会在 40 分钟内增加 1781ppm；A3 教室的 CO_2 浓度最快上升速度为 35.8ppm/min，CO_2 浓度会在 40 分钟内增加 1433ppm。由此可见，在密闭状态下，3 间教室内的 CO_2 浓度会在 40 分钟内上升 1400~1800ppm，这表明无

上课时间3间教室CO_2浓度变化最快速率及相应的参数　　表3-3

时期	教室	时间（min）	最快速率（ppm/min）	CO_2浓度（ppm）		
				初始值	终止值	差值*
上课时间	A1	35	46.3	669	2290	1621
	A2	40	44.5	1788	3569	1781
	A3	40	35.8	1643	3076	1433

注：*差值=起始值与终止值之差

论初始浓度是否理想，上课时不通风室内CO_2浓度都会超标，说明在人员密集场所高频率或持续通风换气是必要的。在门窗都关闭的条件下，A3教室的CO_2浓度上升速度低于另两个教室，说明A3教室的渗透通风量大。

通过教室CO_2浓度变化特点，根据公式（3-1）计算上课时3间教室通风量的最大值、最小值、平均值如表3-4所示。上课时间的平均通风量分别为A1教室1.925L/（s·人），A2教室1.741L/（s·人），A3教室1.291L/（s·人），说明通风量严重不足，远低于参考值5.556L/（s·人）。在上课时间教室的换气方式主要有两种，一是教室密闭状态下的建筑渗透通风；二是在开门条件下教室空间和走廊空间由于空气温度差和密度差引起空气流动，产生大量气体交换。A1、A2和A3教室通风量最大值分别达到了4.255L/（s·人）、4.798L/（s·人）和2.441L/（s·人），而84.6%的上课时间通风量达不到参考值的1/2，表明上课时开门方式和开门时间未能满足有效的通风需求。

测量发现，课间时期教室内CO_2浓度主要呈下降趋势，CO_2浓度的下降速率直接影响下一个上课时段的CO_2初始浓度，从而影响教室整体CO_2浓度

上课时间3间教室通风量　　　　　　　表3-4

样本教室	通风量[L/（s·人）]			参考值[L/（s·人）]
	最小值	最大值	平均值±标准差	
A1	0.163	4.255	1.925±1.42	5.556
A2	0.014	4.798	1.741±1.52	5.556
A3	0.365	2.441	1.291±0.52	5.556

水平。CO_2 下降速率越快，在有限的时间内 CO_2 浓度下降幅度越大，下一节课 CO_2 初始浓度越接近理想值，也代表这段时间的通风效果比较好。课间时期 CO_2 浓度的最大降幅及相应的通风量见表3-5。可以看出，在长课间和短课间的3间教室 CO_2 浓度变化表现出较大差异。长课间时期室内 CO_2 浓度下降速率比短课间时期慢，但由于长课间时间较长，CO_2 浓度下降幅度大于短课间。在短课间时期，A1和A2教室中 CO_2 浓度的下降速率是上课时期 CO_2 浓度上升速率的2～3倍，下降速率分别为123.9ppm/min和98.5ppm/min，相应的通风量分别为2.307L/s和2.799L/s，A3教室中 CO_2 浓度最快下降速率只有29.7ppm/min，对应的通风量为0.89L/s。3间教室在长课间时期 CO_2 浓度下降速率比较接近，分别为53.9ppm/min、52.6ppm/min、52.7ppm/min。

课间时 CO_2 浓度最快下降速率及相应的参数　　　　　表3-5

时期	教室	时间（min）	变化速度（ppm/min）	CO_2 浓度（ppm）			通风量[L/(s·人)]
				初始值	终止值	差值[*]	
课间时期	A1	短课间	123.9	4982	3743	−1239	2.307
		长课间	53.9	3618	1460	−2158	2.044
	A2	短课间	98.5	3492	2507	−985	2.799
		长课间	52.6	3736	1631	−2105	1.814
	A3	短课间	29.7	2987	2690	−297	0.890
		长课间	52.7	3437	1328	−2109	1.076

注：*差值＝起始值与终止值之差

3间教室课间 CO_2 浓度的变化特点主要和学生行为习惯有关。在短课间休息时，A3教室大量学生滞留在教室，而且不开窗，很少开门。相比A3教室，A1和A2教室的老师则要求学生不要滞留在教室，一般有短暂开窗行为，并保持门打开，短时期通风效果较好。在长课间休息时，3个班行为模式相近，学生均被要求进行户外活动，教室门保持开启，尽管A1和A2教室有短暂开窗，但3间教室室内 CO_2 浓度变化速度未见明显不同。这表明，当时间比较充裕时，主要依靠教室与走廊进行空气交换，也能够有效排除污染气体，短暂开窗对教室通风换气的影响较小。因此，保证走廊有足够可交换的新鲜空气，以及保持走廊和教室空间空气的良好流动性有利于改善教室空气质量。

3.1.3 教室空气质量主观评价结果与分析

在现场测量过程中，对所测量3间教室106名年龄在9～12岁的学生进行主观问卷调查，调查内容包括室内空气质量的新鲜度感受、空气质量满意度。在发放调查问卷前，分别向3个班级讲解空气质量概念的相关问题。为了保证问卷调查的一致性，选择在周五（2016年3月11日）10：50，距离第三节课下课还有10分钟时向学生统一发放问卷，3个班级的学生均已经在教室内上了大约30分钟课，3个班级的课程分别是数学（A1）、英语（A2）、语文（A3）。调查问卷时期的第三节课平均CO_2浓度值分别为A1教室1854ppm、A2教室1712ppm、A3教室2590ppm。室外温度是0℃。106名学生有效问卷被回收。调查结果未考虑不同课程对结果的影响。

1.空气质量感受评价

图3-5显示了3间教室的学生对空气新鲜度感受投票。3间教室的学生对空气新鲜度感受的投票结果比较相似，感觉"空气新鲜（A）"的投票的比例分别是A1教室68.42%，A2教室71.88%和A3教室69.45%；选择"空气不新鲜（B）"的投票分布情况分别是10.53%（A1），12.50%（A2）和8.33%（A3）；认为"空气不新鲜+偶有异味（C）"的投票分布情况分别是21.05%（A1）、12.50%（A2）和22.22%（A3）。A1和A3教室认为"空气不新鲜+偶有异味（C）"的投票是选"空气不新鲜（B）"的2倍，A2教室学生选B和选C的投票是一样的。3间教室只有A2教室1名男生选择"空气常有异味（D）"。

对比每个班级男生和女生的投票结果，认为教室空气新鲜的，A1教室男女生投票分别为60.00%（男）和73.91%（女）；A2教室87.5%的女生空气新鲜度感受投票明显高于男生62.50%的投票。而A3教室62.50%的女生认为室内空气清新，明显低于男生83.33%。统计全部男女生投票进行对比，女生认为空气新鲜的投票比例为73.02%，略高于男生的65.12%。认为教室内有异味的（C+D），男生投票23.26%高于女生的17.46%。

通常，教室里的气味来自学生的新陈代谢和呼吸，当他们长时间在一个封闭的空间里时，这些气味就会累积起来。虽然大多数学生的嗅觉都很灵敏，但他们在课堂上停留的时间较长，对所处的环境有一定的适应能力和容忍度[137]。在调查期间，3间样本教室第三节课的平均CO_2浓度均超过二级空气质量标准：A1教室为1802ppm、A2教室为1705ppm、A3教室为2450ppm。不过，近70%的学生仍然认为空气是新鲜的。同时，A3教室CO_2浓度明显高于A1教室和A2教室，但A3教室学生感觉空气新鲜的投票还略高于A1教室，以上表明学生们有一定适应性，未发现CO_2浓度与学生对空气感受投票的关联性。不同性别对空气新鲜度的投票有一定差别，男生对气味的敏感性略高于女生。

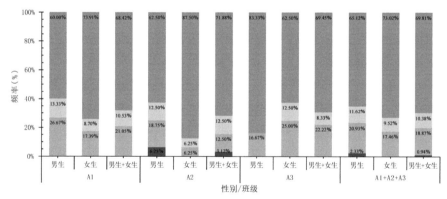

图3-5　学生对空气新鲜度感受投票结果

2.空气质量满意度评价

学生对空气质量满意度的投票结果见表3-6所示。3间教室学生明确表达对IAQ满意的投票（A+B）高达80.2%。其中A1教室、A2教室分别为84.2%和87.5%，A3教室比例最低（69.5%）。认为空气质量一般的投票分别是13.2%（A1）、6.3%（A2）、27.8%（A3）。同时，3间教室学生对教室IAQ不满意（D+E）的投票为2.6%～6.2%，表明学生对室内空气质量整体是满意的，较高的CO_2浓度没有影响学生的满意度。

学生对室内空气质量满意度投票结果   表3-6

学生投票	非常满意（A）	比较满意（B）	一般（C）	不太满意（D）	非常不满意（E）
A1	44.7%	39.5%	13.2%	2.6%	0
A2	50.0%	37.5%	6.3%	3.1%	3.1%
A3	52.8%	16.7%	27.8%	2.7%	0
A1+A2+A3	49.1%	31.1%	16.1%	2.8%	0.9%

对比3间教室男女生对空气质量满意度的投票（图3-6），结果显示，A2教室100%女生对空气质量满意（A+B）的投票明显高于本教室75.1%男生

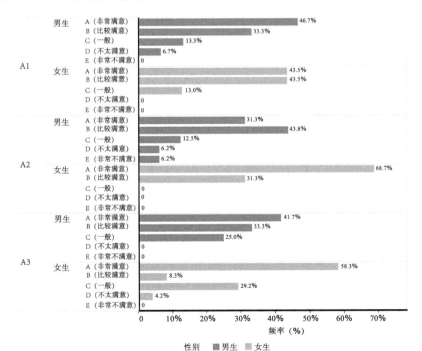

图3-6　样本教室不同性别学生对教室空气质量满意度投票结果

的投票，A1教室87.0%女生的投票略高于80.0%男生的投票。与A1、A2相反，A3教室75.0%男生对空气质量满意（A+B）的投票高于66.6%女生的投票。只有A3班4.2%的女生对空气质量不满意（C），而男生的不满意投票分别是6.7%（A1）、12.4%（A2），A3班男生没有不满意的投票。男生和女生投票的总体比较还是有一定的差异，这与"性别对评价结果基本没有影响"[138]的结论不同。

与空气清新度的投票结果相比，30.2%投票（B+C+D）认为不新鲜，甚至19.8%投票（C+D）认为有异味，这些感受投票并没有反映到对IAQ满意度的投票上。说明学生即使感觉空气不新鲜，但却认为空气质量是可以接受，甚至是满意的。相对于教室内平均CO_2浓度100%超过标准值，3.7%不满意的投票与实际情况更是存在巨大差异，说明学生对空气质量的满意度和实际的CO_2浓度之间没有关联。与男女生对气味敏感性分析结果一致，男生对空气质量不满意的投票也高于女生。

3.2

教室热环境调查与评价分析

良好的室内热环境有利于提高学生的学习效率[139]，温度过低会使人感觉不舒适，过高则会对学生健康及其学习效果造成不良影响，如头痛、胸闷、注意力下降[140]等。当前我国热环境相关研究多集中于住宅建筑、办公建筑及高校教学建筑[141]，热舒适研究对象大都为成年人，对中小学教学建筑的室内热环境及未成年人热舒适的研究非常少。室内热环境和空气质量共同组成室内空气环境，但几乎没有和室内空气质量方面相协同的室内热环境研究。

3.2.1 教室热环境现场测量结果与分析

选择沈阳市中心区样本2小学两栋教学楼中各2间教室展开热环境现场测试研究。现场测量时间是在沈阳地区采暖期，从2016年12月19日至26日和2017年3月13日至22日，连续监测4间教室上学时间的热环境参数，包括室内温度、相对湿度、风速及CO_2浓度。教室温度的最大值、最小值和平均值见表3-7。统计发现，上学时间（7：30～17：00）教室内每天的温度波动幅度在1.5～3.4℃，主要受开窗、开门和人数变化的影响。其中98%的上学时间室内空气温度为18～24.29℃。

2016—2017采暖期4间教室在上学时间空气温度（℃）状况　表3-7

班级		B1			B2		
测量值		最大值	最小值	平均值±标准差	最大值	最小值	平均值±标准差
2016年	12月19日	22.58	21.06	22.10±0.36	21.13	17.77	20.02±0.79
	12月20日	23.93	22.70	23.47±0.32	22.73	19.96	22.00±0.66
	12月21日	24.34	22.03	23.59±0.60	22.78	20.51	22.05±0.70
2017年	3月14日	21.91	17.80	20.27±1.23	23.04	19.79	22.06±0.66
	3月15日	21.53	19.29	20.30±0.72	22.87	20.25	21.51±0.72
	3月16日	22.99	19.82	21.24±0.81	23.81	19.91	20.61±0.55
班级		C3			C4		
测量值		最大值	最小值	平均值±标准差	最大值	最小值	平均值±标准差
2016年	12月22日	23.54	21.70	22.78±0.55	21.49	19.17	20.61±0.55
	12月23日	24.05	21.56	23.27±0.57	22.20	18.58	20.66±0.91
	12月26日	22.37	20.39	21.69±0.42	19.79	16.61	18.84±0.69
2017年	3月20日	22.87	20.01	21.44±0.77	22.70	20.10	21.40±0.57
	3月21日	22.47	20.01	21.03±0.83	23.16	20.65	21.77±0.65
	3月22日	22.82	20.20	21.34±0.75	23.45	20.84	22.17±0.61

测量时间（8：00～17：00）室外温度、相对湿度见表3-8。其中12月份最低日平均温度为-10.55℃，最高日平均温度为1.73℃，日平均相对湿度范

围52.36%～91.27%。3月份气温回升，最低日平均温度为2.18℃，最高日平均温度达到11.63℃，室外相对湿度为34.2%～44.8%。

2016—2017采暖期测量期间室外环境参数统计表 表3-8

日期		温度（℃）			相对湿度（%）		
		最大值	最小值	平均值	最大值	最小值	平均值
2016年	12月19日	3	0	2.18	97	86	91.27
	12月20日	3	0	1.73	90	75	79.55
	12月21日	0	−2	−0.90	98	78	86.64
	12月22日	−10	−11	−10.55	78	70	74.18
	12月23日	−9	−12	−10.45	77	60	67.91
	12月26日	−9	−11	−10.45	74	44	52.36
2017年	3月14日	8	0	5.45	79	21	44.80
	3月15日	11	2	7.09	76	18	44.40
	3月16日	15	0	8.54	74	17	41.20
	3月20日	6	3	4.63	73	20	39.00
	3月21日	9	−4	5.63	59	24	39.40
	3月22日	7	2	5.81	62	20	34.20

统计上学时间的教室相对湿度和风速结果显示，教室湿度的变化范围为27.26%～64.47%，平均值为44.42%，标准差为8.88%，每天的波动幅度为15%～20%。91.9%上学时间的相对湿度为30%～60%，满足教室湿度标准[122]。在此期间，测量的教室CO_2日平均浓度值变化范围在1701～3959ppm，均高于CO_2日平均浓度标准值1000ppm[111]，说明在监测阶段，由于教室通风量较小，几乎未对室内空气热环境产生影响，因通风不足影响到室内空气质量。4间教室上课时间的室内风速较小，风速最小值为0，最大值为0.13m/s，平均风速小于0.1m/s。由于人很难感知0.5m/s以下的风速，教室内风速对学生热舒适的影响可以忽略。

3.2.2 教室热环境主观评价结果与分析

在对4间样本教室热环境现场测试的同时进行热环境主观问卷调查。调查对象为4间教室的141名学生（8～11岁），其中男生71名（50.4%），女生70名（49.6%）。对4间样本教室学生进行12次问卷调查时期的教室温度和湿度如图3-7所示。

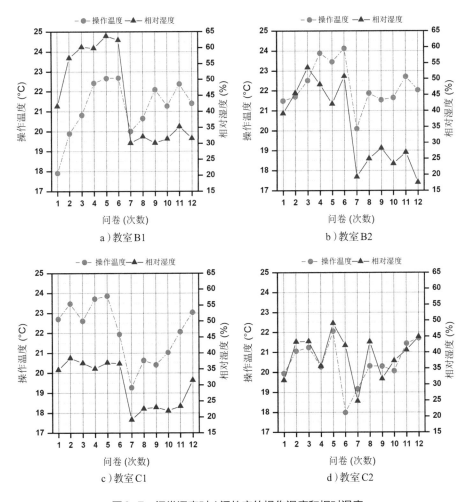

图3-7　问卷调查时4间教室的操作温度和相对湿度

1. 学生热感觉评价结果与分析

采暖期学生对教室热感觉投票的结果及分布频率如图3-8所示。共搜集学生热感觉有效投票结果1672份，男生投票880份，女生投票792份。有24.5%（410份）的投票认为室内空气温度"正好"，呈现中性状态；46.5%（778份）的投票结果为"暖"，约占总投票次数的50%。此外，"热"和"非常热"的投票次数之和占总投票次数的22.4%（374份），说明学生对教室环境整体感觉偏热。

比较男女生热感觉投票结果，认为测试期间室内温度呈"中性"状态的男、女生投票频率分别为20.1%和29.4%；选择"暖"的男、女生分别为47.3%和45.7%。男生对"热"和"非常热"的投票频率分别为14.8%和13.6%，略高于女生的9.3%和6.3%。可以看出，男生感觉热和非常热的数量都高于女生。感觉偏冷的投票中，女生感觉偏冷的投票数量高于男生，说明相对女生来说男生更喜欢偏冷的环境。

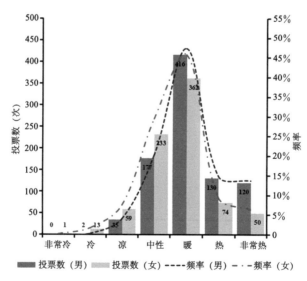

图3-8　学生热感觉投票及分布频率

2.热环境满意度评价结果与分析

学生对教室热环境的满意度评价如图3-9所示，4间教室的学生对于教室热环境的满意度较高，投票主要集中在"非常满意"和"比较满意"，投票比例分别为75%和16.6%（B1）；76.7%和20%（B2）；40%和35%（C1）；51.5%和33.3%（C2）。学生对热感觉的投票中，感觉非常冷（−3）、冷（−2）、热（+2）、非常热（+3）的投票共计占有比例为23.3%，这个热感觉投票结果预期应该是不满意的。但4间教室学生的实际不满意投票只有3%。说明学生对现状温度接受度较高，问卷期间温度小幅波动没有影响学生的满意度。

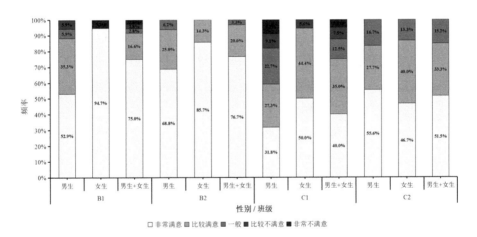

图3-9 学生热环境满意度评价

4间教室男女生对教室热环境的满意度评价结果显示，女生对于教室热环境的满意度普遍高于男生。4间教室内男、女生对于室内温度表示"非常满意"的投票频率分别为：52.9%、94.7%（B1）；68.8%、85.7%（B2）；31.8%、50%（C1）；55.6%、46.7%（C2）。比较教室热环境满意度评价与热感觉投票的结果说明，女生普遍认为教室热环境"刚好"处于舒适状态，所以对室内温度做出"非常满意"的评价；男生普遍认为教室温度处于偏热状态，所以男生对室内温度的满意度评价结果总体上低于女生。

3.2.3 热中性温度及舒适温度范围分析

1. 热中性温度

热中性温度是依据4间教室学生的实际热感觉投票结果与室内空气温度线性回归计算后得出的。在计算测量期间的PMV时，设定室内风速平均值为$v=0.1\text{m/s}$。

根据代表性服装热阻的建议值，对问卷结果进行加权平均，经过体感温度修正后，最终确定4间教室学生的平均服装热阻为1.2clo。

严寒地区采暖期小学生实测热感觉投票值TSV与预测热感觉投票值PMV随室内空气温度的变化情况如图3-10所示，TSV、PMV与室内空气温度分别呈一次线性关系。TSV、PMV与室内空气温度的拟合方程分别为：

$$TSV=0.3098t_{a}-5.7501, \tag{3-4}$$

$$R^{2}=0.7535 ;$$

$$PMV=0.4851t_{a}-9.3834, \tag{3-5}$$

$$R^{2}=0.9784 。$$

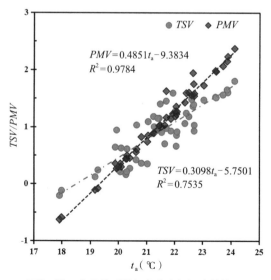

图3-10　人体热感觉与室内空气温度的关系

根据人体热感觉模型原理，当 TSV、PMV 分别取 0，计算严寒地区冬季小学生实测热中性温度为 18.56℃，预测热中性温度为 19.34℃。综合分析预测值 PMV 与实测值 TSV，PMV 与室内空气温度的拟合线斜率为 0.4851，TSV 与室内空气温度的拟合线斜率为 0.3098。

整个采暖期小学生的实测中性温度为 18.56℃，比预测中性温度 19.34℃ 低了 0.78℃，明显低于测量期间大部分室内平均温度，符合小学生普遍对教室热环境做出"偏热"的热感觉评价的情况。严寒地区采暖期小学生对室内热环境评价"偏热"且对温度变化敏感程度不高的原因，主要有以下两点：一是使用者的着装习惯。严寒地区采暖期室内外温差巨大，因此未成年使用者偏好穿着保暖效果良好的服装，以确保在室外活动不受低温影响。进入室内，学生对服装的调节能力有限，仍然保持较大的服装热阻（本阶段服装热阻约为 1.2clo），同时也降低了室内空气温度小幅变化对使用者造成的影响，导致小学生对温度变化不敏感并且认为室内温度"偏热"；二是使用者的新陈代谢率。未成年人的静坐新陈代谢率（1.2Met）高于成人[131]。在新陈代谢的作用下，小学生对采暖期温度做出"偏热"评价。

2. 热舒适范围

根据公式（2-2），计算得出 4 间教室学生的 PPD 和 PPD^* 值，与室内空气温度（t_a）进行线性回归（图 3-11），得到回归方程为：

$$PMV\text{-}PPD = 0.0348t_a^2 - 1.3196t_a + 12.554 \tag{3-6}$$

$$R^2 = 0.9661$$

$$TSV\text{-}PPD^* = 0.0262t_a^2 - 1.0145t_a + 9.8653 \tag{3-7}$$

$$R^2 = 0.7775$$

由公式（3-6）和公式（3-7）可知，预测满意度为 80% 时，严寒地区冬季小学生的预测舒适温度区间为 16.84～21.07℃；预测满意度为 90% 时，严寒地区冬季小学生的预测舒适温度区间为 17.70～20.22℃。实际满意度为 80% 时，严寒地区冬季小学生的舒适温度区间为 16.93～21.80℃；实际满意度为 90% 时，严寒地区冬季小学生的舒适温度区间为 17.91～20.81℃。

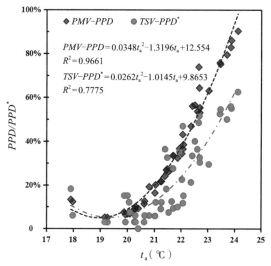

图3-11　PPD、PPD^*与室内空气温度的拟合曲线

当教室温度超过20℃以后，PPD和PPD^*与室内空气温度之间的拟合曲线差异越来越显著。统计测量期间教室温度值发现，约60%上学时间室内温度超过20.81℃，说明适当降低温度仍可以满足小学生热舒适需求。

3.相关研究结果比较分析与讨论

所在区域、气候条件、建筑类型、室内温度、服装热阻等都会影响使用者的热舒适性，导致人体的中性温度和舒适温度范围也不相同。表3-9列举多个热舒适相关研究成果，展示了在不同地区、不同建筑类型、不同使用人群条件下的室内温度、服装热阻下的热感觉模型，以及热中性温度、舒适温度区间。可以看出，各文献中的热感觉模型和相应的热中性温度、舒适温度区间均有差异。即使在同一城市、同样气候条件下，在不同功能空间中人们的热中性温度和舒适温度区间也有较大差异[142]。

在相同建筑类型中，人体服装热阻值的大小与室内温度相关。甘肃、青海、陕西地区[38-40]农村小学生与本研究对象年龄相近且冬季室外气候接近，但由于室内热环境差异很大，农村教室温度远低于城市教室温度，导致他们的服装热阻、心理预期和适应性不同，热舒适结果差异显著。青海的小学教

表3-9

热舒适相关研究结果对比

文献	地点	建筑类型	服装热阻 (clo)	热感觉模型	中性温度 (℃)	舒适温度范围 (℃)	室内温度 (℃)
[38]	甘肃	中小学	1.64	$PMV=0.3962t_o-5.965, R^2=0.9781$ $TSV=0.1524t_o-2.241, R^2=0.8263$	14.70	11.90~17.10 (90%)	0.10~17.90
[39]	青海	中小学	1.60	$PMV=0.37t_o-5.32, R^2=0.97$ $MTS=0.13t_o-1.75, R^2=0.75$	13.80	15.80~18.70 (90%)	5.60~23.50
[40]	陕西	中小学	1.56	$PMV=0.399t_o-5.946, R^2=0.924$ $MTS=0.178t_o-2.561, R^2=0.765$	14.40	12.70~16.90 (90%)	6.30~17.30
[41]	西安	中小学	0.97	$PMV=0.219t_o-4.714, R^2=0.916$ $MTS=0.279t_o-4.950, R^2=0.747$	17.70	—	16.40~21.10
	西安	中小学	0.646	$PMV=0.237t_o-5.712, R^2=0.942$ $MTS=0.121t_o-2.436, R^2=0.707$	20.13	—	20.80~28.30
[143]	意大利	中学	1.00	$PMV=0.117t_o-2.23, R^2=0.72$ $TSV=0.107t_o-2.13, R^2=0.42$	20.00	—	—
		中学	0.50	$PMV=0.111t_t-2.10, R^2=0.73$ $TSV=0.099t_t-1.86, R^2=0.36$		—	—
[144]	印度	中学	1.72	$TSV=0.18t_o-3.52, R^2=0.36$	19.40	15.30~33.70	13.05~19.70
		中学	0.47	$TSV=0.19t_r-5.54, R^2=0.18$	29.50		26.16~33.13
		中学	0.82	$TSV=0.056t_o-1.53, R^2=0.22$	27.10		13.05~33.13
[145]	重庆	大学	1.42	$PMV=0.1943t_a-3.8443, R^2=0.9649$ $TSV=0.1672t_a-3.197, R^2=0.7591$	19.79 /19.12	14.04~24.20	13.43

续表

文献	地点	建筑类型	服装热阻（clo）	热感觉模型	中性温度（℃）	舒适温度范围（℃）	室内温度（℃）
[142]	哈尔滨	住宅	0.74	$MTS=0.2101t_a-4.6444$，$R^2=0.6639$	22.10	17.60～25.20（80%）	—
		办公室	1.30	$MTS=0.2354t_a-4.9606$，$R^2=0.7234$	21.10		—
		高校宿舍	0.91	$MTS=0.2877t_a-6.1793$，$R^2=0.4449$	21.50	19.20～23.60（90%）	—
		高校教室	1.01	$MTS=0.155t_a-2.9681$，$R^2=0.7905$	19.10		—
本书	沈阳	小学	1.20	$TSV=0.3098t_a-5.7501$，$R^2=0.7535$ $PMV=0.4851t_a-9.3834$，$R^2=0.9784$	18.60	17.91～20.81（90%）	16.70～24.82

注：t_o 为操作温度

室在非采暖期室内温度为5.6～23.5℃时，小学生的服装热阻值为1.6[39]，而在室内温度为16.4～21.1℃时，西安小学生的服装热阻值为0.974[41]。

舒适模型平均热感觉随温度变化曲线的斜率为0.2907，表明沈阳地区小学生对温度变化的敏感度较高。虽然室内温度比较舒适，但小学生较高的新陈代谢率和服装热阻使得实际热中性温度低于预测值，这也是小学生对温度变化敏感度较高的重要原因。

一般来说，建筑的使用者的实际中性温度普遍低于预测中性温度，这是因为使用者长期处于一个地区，对该地区的气候环境具有一定的适应能力和适应性。人们会感受房间内的热环境，根据是否舒适做出调整，主要调节方式是改变温度和增减衣物，因此，服装热阻和室内温度是影响使用者实际热中性温度的两个主要因素。根据表3-9中室内的温度、小学生的服装热阻和热中性温度数据拟合得出热中性温度、服装热阻与室内温度三者的关系如图3-12所示。

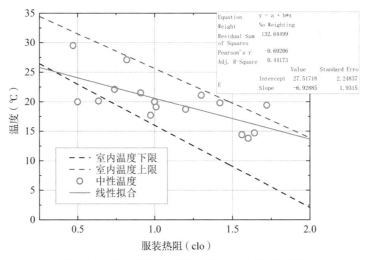

图3-12　热中性温度、服装热阻与室内温度的关系

研究发现，严寒地区供暖季小学生的热中性温度与室内平均温度接近，证明了热中性温度受到热环境的显著影响[146, 147]。由图3-12可知，小学生

的中性温度几乎均在室内温度上、下限范围内，再次证明人体对室内温度的适应性，长时间的温度环境导致小学生产生生理和心理适应。再有，服装热阻与人的热中性温度成反比，主要原因是服装热阻越高耐寒性越强，更适用于偏冷环境，所以热中性温度越低，如果室内温度升高，就会引起人们行为方式的调节，减少衣物调整服装热阻，导致热中性温度随之升高。

3.3
基于正交试验的教学楼空气质量影响因素分析

3.3.1 正交试验基本原理

在工程问题的优化设计中，为了解多种影响因素对某一指标的影响情况，需开展全面试验研究。全面试验考虑了全因子组合，但往往存在试验量过大的问题，正交试验设计（orthogonal experimental design，OED）可以较好地解决该问题。正交试验设计通过对试验指标的数值分析引导出很多有价值的信息和科学的理论[148, 149]。正交试验设计的主要特点包括：(1) 正交试验设计从全面试验中选取具有代表性的水平组合进行试验，不仅减小了试验量，而且可以通过部分试验全面分析多种影响因素对指标的影响情况。(2) 通过对正交试验结果的分析，可得到多种影响因素对指标的影响趋势及影响的重要程度。(3) 通过对正交试验结果进行统计分析，可以提出最优的设计方案，该设计方案可反映全面试验结果。正交试验的设计流程和分析方法如图3-13所示。

正交试验设计主要通过正交表来安排试验，正交表 $L_a(b^c)$ 的格式如表3-10所示。在 $L_a(b^c)$ 中，a 为正交表3-10的行数，表示试验次数；b 为因素水平数；c 为正交表3-10的列数，表示因素个数。

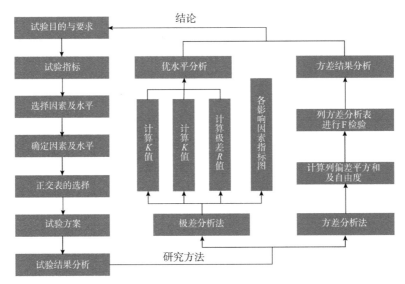

图3-13 正交试验方案设计流程

$L_a(b^c)$ 正交表   表3-10

试验编号	A	B	…	…	指标
1	1	…	…	…	x_1
2	1	…	…	…	x_2
$\vdots$	$\vdots$	$\vdots$	$\vdots$	$\vdots$	$\vdots$
a	b	…	…	…	x_a
K_{1j}	K_{11}	K_{12}	…	K_{1c}	
K_{2j}	K_{21}	K_{22}	…	K_{2c}	
$\vdots$	$\vdots$	$\vdots$	$\vdots$	$\vdots$	
K_{bj}	K_{b1}	K_{b2}	…	K_{bc}	

　　根据图3-13及正交设计基本原理，正交试验分析的手段主要为极差分析法和方差分析法。极差分析法计算工作量较少、应用简便，但极差分析法无法区分因素水平间对应的试验结果的差异究竟是由于因素水平不同引起的，还是由于试验误差引起的，并且无法估计试验误差的大小。方差分析法较好地弥补了极差分析法的缺陷。两种分析方法的基本理论如下：

1. 极差分析

假设每个因素的重复数为：

$$r = \frac{a}{b} \tag{3-8}$$

指标为 x_1，x_2，$\cdots$，x_a，则有：

$$k_{bj} = \frac{K_{bj}}{r} \tag{3-9}$$

式中，K_{bj} 表示第 j 列因素 b 水平试验指标。K_{bj} 的平均值为 k_{bj}，通过 k_{bj} 值的大小判断第 j 列因素的最优组合及水平。

R_j 计算方法如公式（3-10）所示，表示第 j 列的极差，R_j 反映了因素波动时指标的变化幅度，数值越大说明该影响因素变化时对指标影响越大，可以通过 R_j 值判断影响因素对指标影响的顺序。

$$R_n = \max(k_{1j}, k_{2j}, \cdots, k_{bj}) - \min(k_{1j}, k_{2j}, \cdots, k_{bj}) \tag{3-10}$$

2. 方差分析

根据文献[150]中的方法分析原理，计算平方和及自由度。全部指标和如公式（3-11）：

$$T = \sum_{i=1}^{a} x_i \tag{3-11}$$

令：

$$C = \frac{T^2}{a} \tag{3-12}$$

$$\bar{x} = \frac{1}{a} \sum_{i=1}^{a} x_i \tag{3-13}$$

则总平方和为：

$$SS_T = \sum_{i=1}^{a}(x_i - \bar{x})^2 = \sum_{i=1}^{a} x_i^2 - \frac{\left(\sum_{i=1}^{a} x_i\right)^2}{a} = \sum_{i=1}^{a} x_i^2 - \frac{T^2}{a} = Q_T - C \tag{3-14}$$

SS_T值反映了数据的总体波动情况，为数据与其对应总平均值的偏差平方和。

列的偏差平方和为：

$$SS_j = r\sum_{i=1}^{b}(k_{ij} - \overline{x})^2 = \frac{1}{r}\sum_{i=1}^{b}K_{ij}^2 - \frac{\left(\sum_{i=1}^{a}x_i\right)^2}{a} = Q_j - C \qquad (3\text{-}15)$$

SS_j值反映了该列水平变化时试验数据波动情况，为第j列水平对应的试验数据平均值和总平均值的偏差平方和。

总自由度df_T为：

$$df_T = a - 1 \qquad (3\text{-}16)$$

第j列因素的自由度df_j为：

$$df_j = b - 1 \qquad (3\text{-}17)$$

$$SS_T = \sum_{j=1}^{c}SS_j \qquad (3\text{-}18)$$

$$df_T = \sum_{j=1}^{c}df_j \qquad (3\text{-}19)$$

根据方差定义：

$$MS_j = \frac{SS_j}{df_j} \qquad (3\text{-}20)$$

$$MS_e = \frac{SS_e}{df_e} \qquad (3\text{-}21)$$

$$F_j = \frac{MS_j}{MS_e} \qquad (3\text{-}22)$$

SS_e与空列的偏差平方和用于显著性检验。一般情况下，误差自由度$df_e \geqslant 2$，当误差自由度较小时，F检验的灵敏度偏低，因此在进行显著性检验之前，要对各因素MS_j和误差MS_e值的大小进行比较，若$MS_j \leqslant 2MS_e$，将各因素计入误差平方和，此时增大了误差自由度df_e，从而提高了F检验的灵敏度。若$F_j > F_a$，该因素对试验结果影响显著；若$F < F_a$，则认为该因素对试验结果影响不显著或无影响。

3.3.2 影响因子极差分析

严寒地区冬季室外温度过低，开窗作为主要通风方式受到建筑节能和
室内舒适性的限制。根据3.1、3.2通风性能评价结果可以看出，影响严寒地
区冬季教室通风的因素主要有以下几方面：（1）教室人数。教室中的学生是
CO_2释放源，学生的多少直接影响室内的CO_2排放量；（2）开门时间。在非
开窗时期建筑密闭状态下，开门会使室内CO_2浓度下降，开门时间越长效果
越显著；（3）开门状态。门作为教室与走廊之间的连通开口，在不同开启状
态下开启面积不同，直接影响气体交换；（4）教室温度。换气会引起室内温
度变化，影响学生学习的舒适性，从而对换气过程产生影响。综上所述，选
择开门时间（A）、开门状态（B）、室内人数（C）和室内温度（D）4个因素，
每个因素根据前述研究成果选取3个水平进行正交试验，3因素3水平的选
取列于表3-11中。影响因素和水平的选择原则如下：

因素水平表   表3-11

水平	因素			
	开门时间 A（min）	开门状态B	室内人数C（人）	室内温度D（℃）
1	10	渗透	0～13	20～21
2	20	半开	13～26	21～22
3	30	全开	26～38	22～23

开门时间：以课间最短休息时长10min作为基础单位，分为10min、
20min和30min。

开门状态：主要根据观察结果最常出现的状态，分为渗透、半开和全
开3种状态。

室内人数：根据观察统计下课时留在教室的学生人数情况，分成0～13
人、13～26人、26～38人3种状态。

室内温度：按照冬季室内温度的测量值主要集中在20～23℃，分为

20～21℃、21～22℃、22～23℃ 3个温度段。

本研究中共有4个因素，每个因素3个水平，因此可以选择$L_9(3^4)$或者$L_{27}(3^{13})$正交表进行试验设计，影响严寒地区冬季教室通风仅考虑4个（开门时间、开门状态、室内人数、室内温度）因素对室内CO_2浓度的影响情况，不考虑4个因素之间的耦合作用，因此本试验选择$L_9(3^4)$正交表。同时，根据公式（3-9）和公式（3-10）及表3-11分别计算开门时间、开门状态、室内人数和室内温度4个因素在3个水平下的室内CO_2浓度变化率的算术平均值，记为k_{ij}。极差R值为各因素水平的算术平均值。极差分析结果列于表3-12中。

正交试验极差结果分析表　　　　　　　表3-12

项目	因素				室内CO_2浓度变化率（%）
	开门时间A（min）	开门状态B	室内人数C（人）	室内温度D（℃）	
试验1	1（10）	1（渗透）	1（0～13）	1（20～21）	19.3
试验2	1	2（半开）	2（13～26）	2（21～22）	22.8
试验3	1	3（全开）	3（26～38）	3（22～23）	13.4
试验4	2（20）	1	2	3	21.4
试验5	2	2	3	1	32.2
试验6	2	3	1	2	44
试验7	3（30）	1	3	2	25.8
试验8	3	2	1	3	41.9
试验9	3	3	2	1	31.6
K_{1j}	55.5	66.5	105.2	83.1	—
K_{2j}	97.6	96.9	75.8	92.6	—
K_{3j}	99.3	89	71.4	76.7	—
k_{1j}	18.5	22.2	35.1	27.2	—
k_{2j}	32.5	32.3	25.3	30.9	—
k_{3j}	33.1	29.7	23.8	25.6	—
极差R	14.6	10.1	11.3	5.3	—

续表

项目	因素				室内CO_2浓度变化率（%）
	开门时间A（min）	开门状态B	室内人数C（人）	室内温度D（℃）	
主次顺序	A＞C＞B＞D				
优水平	A_3	B_2	C_1	D_1	—
优组合	$A_3C_1B_2D_1$				

通过表3-12中室内CO_2浓度变化率的各因素基础值可以看出，影响因素中开门时间的极差值最大，为14.6，表明开门时间对教室CO_2的浓度变化率影响最大。其次分别为室内人数、开门状态，最后是室内温度。这主要是由于学生不断呼吸产生CO_2，只有长时间保持换气状态才能改善室内CO_2浓度过高的问题，如果是短时间通风换气，即使开门状态最好也只能解决临时状态问题。各因素在不同水平下对室内CO_2浓度的影响趋势如图3-14所示。

由图3-14a）和表3-12可知，随着开门时间的增加，室内CO_2浓度的变化率变大，基本呈正相关关系。开门时间20min室内CO_2浓度的变化率较开门时间10min增大了75.7%；开门时间30min室内CO_2浓度的变化率较开门时间20min增大了1.8%，但增长幅度降低了97.6%，这说明持续开门在短时间可以改善室内CO_2浓度水平，长时间可以达到稳定状态。因此，开门时间的优水平为30min。

由图3-14b）和表3-12可知，开门状态为半开时，室内CO_2浓度的变化率最大，较渗透的情况增长了45.5%，较全开状态增长了8.8%，因此开门状态的优水平为半开。正常情况下，我们认为门全开状态的通风情况是优于半开状态的，与本正交试验结论稍有不同，这是因为开门状态下影响室内CO_2浓度的因素主要是时间长短，所以相对时间因素，开门状态对室内CO_2浓度影响较小。

由图3-14c）和表3-12可知，随着室内人数的减少，对室内CO_2浓度的

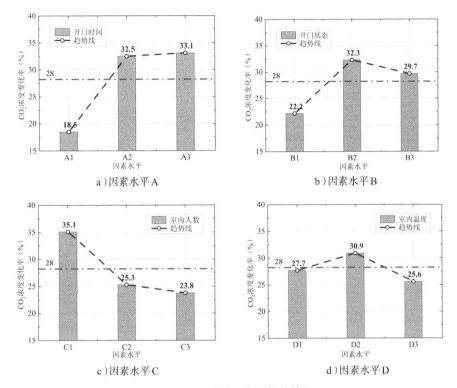

a）因素水平A

b）因素水平B

c）因素水平C

d）因素水平D

图3-14 因素水平与平均偏差量

变化率影响逐渐变小，室内人数是开门时间之后的次要影响因素。各因素下室内CO_2浓度的平均值为28%，当室内人数为水平2（13～26人）和水平3（26～38人）时，室内CO_2浓度较平均浓度分别减少了9.6%和15%。当室内人数为水平1（1～13人）时，室内CO_2浓度较平均浓度增加了25.4%。这说明当室内人数较少时，室内CO_2浓度变化率敏感度更高，水平1为室内人数的优水平。

由图3-14d）和表3-12可知，室内CO_2浓度变化率随着室内温度的增长，先变大后减小。水平2（21～22℃）工况下，室内CO_2浓度较水平1（20～21℃）和水平3（22～23℃）分别增加了11.6%和20.7%，该因素下的各水平较其他因素更接近室内CO_2浓度的平均值，这主要是由于在严寒地区采暖期供暖较为稳定，温度变化幅度小，因此温度对CO_2浓度的敏感度低。

3.3.3 影响因子方差分析

通过影响因子方差分析法对正交试验结果进行误差精确估算，并提出各因素对CO_2浓度影响的重要程度。对于本正交试验的方差表格设计如表3-13所示。表中试验因素和水平的选择与极差分析相同，首先计算各列各水平对应数据之和K_{1j}、K_{2j}、K_{3j}及其平方$K_{1j}{}^2$、$K_{2j}{}^2$和$K_{3j}{}^2$。

在正交试验设计中，试验误差的估计一般有3种方法[150]：（1）用未安排

正交试验方差设计表   表3-13

项目	因素				室内CO_2浓度变化率（%）
	开门时间A（min）	开门状态B	室内人数C（人）	室内温度D（℃）	
试验1	1（10）	1（渗透）	1（0~13）	1（20~21）	19.3
试验2	1	2（半开）	2（13~26）	2（21~22）	22.8
试验3	1	3（全开）	3（26~38）	3（22~23）	13.4
试验4	2（20）	1	2	3	21.4
试验5	2	2	3	1	32.2
试验6	2	3	1	2	44
试验7	3（30）	1	3	2	25.8
试验8	3	2	1	3	41.9
试验9	3	3	2	1	31.6
K_{1j}	55.5	66.5	105.2	83.1	—
K_{2j}	97.6	96.9	75.8	92.6	—
K_{3j}	99.3	89	71.4	76.7	—
$K_{1j}{}^2$	3080.3	4422.3	11067	6905.6	—
$K_{2j}{}^2$	9525.8	9389.6	5745.6	8574.7	—
$K_{3j}{}^2$	9860.5	7921	5097.9	5802.9	—

因素的空列估计试验误差；（2）用安排重复试验的方法来估计试验误差；（3）采用偏差平方和最小的一个因素作为误差分析其他因素的显著性，如果其他因素无显著性则选用方法（1）或（2）重新进行误差分析。

根据表 3-14 的计算结果，采用 $F_\alpha(2，2)$ 判定因素的显著水平，判断标准为：（1）当 $F \geqslant F_{0.01}(2，2)$ 时，说明该因素水平的改变对指标的影响特别显著，标记为 ***；（2）当 $F_{0.01}(2，2) > F \geqslant F_{0.05}(2，2)$ 时，影响因素水平对指标影响显著，标记为 **；（3）当 $F_{0.05}(2，2) > F \geqslant F_{0.1}(2，2)$ 时，影响因素水平对指标有一定的影响，标记为 *；（4）当 $F_{0.1}(2，2) > F$ 时，说明该因素为非显著性因素。F 值与对应临界值差距越大，说明该因素越重要。

方差分析结果   表 3-14

变异来源	SS	df	MS	F	F_α	显著性
A	410.5	2	205.2	25.7	$F_{0.1}(2，2)=9$	***
B	165.9	2	83.0	10.4	$F_{0.05}(2，2)=19$	**
C	225.1	2	112.6	14.0	$F_{0.01}(2，2)=99$	*
D（误差项）	16.0	2	8.0			
总变异	817.5	8				

根据方差分析结果可知，因素 A（开门时间）对室内 CO_2 浓度变化率指标的影响为显著，因素 B（开门状态）和因素 C（室内人数）对室内 CO_2 浓度变化率指标有一定的影响，其中因素 C 比因素 B 的影响大。选择因素 D 为误差项是合理的。方差分析的结论与极差分析吻合，影响因素的重要次序为 A > C > B > D。

通过因素贡献率进一步验证开门时间、开门状态、室内人数对室内 CO_2 浓度变化率的影响。因素贡献率表达式为：

$$\rho_j = SS_{Pj} \div SS_T \tag{3-23}$$

式中，SS_{Pj} 为纯平方和，因素的表达式为

$$SS_{Pj} = SS_j - df_j \times MS_e \tag{3-24}$$

误差纯平方和的表达式为：

$$SS_{Pe} = df_T \times MS_e \qquad (3-25)$$

图 3-15 为根据公式（3-23）～公式（3-25）计算各因素与误差的贡献率结果。

由图 3-15 可知，开门时间对室内 CO_2 浓度变化率的影响程度最大，其误差贡献率为 48.3%，是误差引起数据波动的 6.2 倍。因素 B 开门状态的误差贡献率在三者中最小。因此，从引起数据波动的角度来说，各因素的重要顺序依次为 A＞C＞B，该结论与极差分析和方差分析相同。

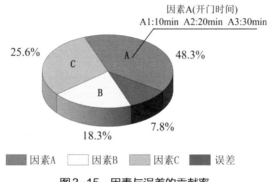

图 3-15　因素与误差的贡献率

本章小结

本章采用主客观相结合的方法，评价严寒地区中小学教学楼自然通风性能，分析严寒地区冬季教室通风主要影响因素，并基于正交实验分析相关影响因素的影响程度。主要得到以下结论：

（1）室外低温气候条件时，严寒地区中小学教学楼的自然通风性能差，导致严重的室内空气质量问题。当室外温度低于 12℃时，上课时平均 CO_2 浓度超过空气质量一、二级限制值的比例分别为 70.12% 和 50.61%；室外温度为 12～16℃时，超过比例分别为 62.5% 和 25%；而室外温度高过 16℃时，超过一级限制值比例 26.09%，超过二级限制值只有 5.98%，说明当室外温度高于 16℃时有利于自然通风。

（2）教室室内空气质量调查结果显示，冬季教室常处于封闭状态，导致上课时间的 CO_2 浓度水平在10分钟内可增加超过450ppm，说明依靠课间开窗不能解决上课时 CO_2 浓度超标问题。教室空间和走廊空间的空气交换能降低教室 CO_2 浓度水平，但不能保证室内空气质量，主要原因是走廊的空气流动性差，教室开门时间不足。

（3）学生对空气质量的感受与满意度评价普遍认为教室空气新鲜、对教室空气质量满意度高，这与物理测量结果差异明显，说明通风应根据要求进行监测控制，而不能根据使用者的主观判断调节。

（4）热环境调查结果显示，教室温度和湿度、风速基本满足规范和使用要求，学生对热环境满意度高。学生对教室热环境感觉偏热，依据学生热感觉和室内温度线性回归计算得出学生的热中性温度和90%舒适范围分别为18.56℃和17.91～20.81℃，低于大部分测量期间的温度，说明学生更喜欢偏冷的环境。

（5）利用正交分析法进行通风影响因素水平分析，结果表明，对室内空气质量影响程度依次为开门时间、教室人数、开门状态，再次证明通风时间的重要性。

第 4 章

严寒地区中小学教学楼
空间通风模式构建

根据教学楼通风性能评价结果可知，严寒地区冬季通风状况非常复杂，采暖期中小学教室通风严重不足。当前采用的自然通风方式和应对气候的换气措施均不能满足室内空气质量要求。本章在通风相关理论的基础上，根据中小学教学楼建筑空间特点、通风要求、使用与管理方式、使用者需求及适应气候条件的建筑密闭性要求，提出教学楼空间通风方式与设计构想，构建教学楼空间通风通道。具体研究内容包括：分析教学楼空间通风可利用条件，构建教学楼空间通风网络通道；采用现场实验测试分析方法，初步分析教学楼空间通风条件下教室内CO_2浓度在空间的模态分布特点和变化规律；基于CO_2浓度计算教室需要的通风量和换气开口面积。

4.1
教学楼空间通风的相关理论基础

4.1.1 热压驱动通风

热压驱动通风是利用建筑内外空气温差产生的压力差（热压）驱使空气流动。对于建筑内部的不同空间，在空间连通开口两侧或不同高度的开口之间会由于温度差异而形成热力差，从而带动不同空间之间的空气流动（图4-1）。

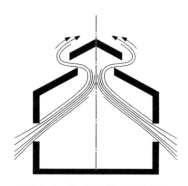

图4-1　热压驱动通风示意图

热压值[151]的计算如公式（4-1）：

$$\Delta p = h(\rho_e - \rho_i) \tag{4-1}$$

式中：Δp——热压（kg/m^2）；

    ρ_e——室外空气密度（kg/m^3）；

    ρ_i——室内空气密度（kg/m^3）；

    h——进、排风口中心线间的垂直距离（m）。

可以看出，热压作用的效果与不同空间的温度差和进、排风口之间的高度差有关。合理的建筑空间组织和布局，不同功能空间的温度要求和控制，都会形成局部的温度差，或是在空气竖向流动路径上增大开口之间的高度差，均可以形成良好的热压通风[152]。相对于风压作用下的自然通风，建筑空间内的热压通风比较稳定，不易受到外部风环境变化的影响。

烟囱效应是利用建筑竖向空间热压差进行自然通风的有力手段，对于室外环境风速不大的地区，所产生的通风效果有利于改善室内的热舒适度[153]。在教学楼中可以利用建筑中庭、楼梯等垂直空间形成烟囱效应，促进教学楼内的空气流动。在确定利用烟囱效应通风的建筑内部空气流动方向时，要考虑中和压力水平高度的位置。新鲜空气在中和面以下向内流动，污浊空气在中和面以上向外流动，中和面上内外空气不流动。中和面位置随着开口面积的增大而向较大开口移动，如图4-2所示。

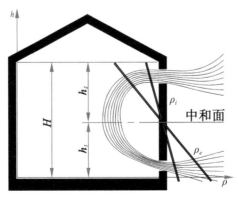

图4-2　中和面示意图

4.1.2 风压驱动通风

当自然风的气流吹向建筑时，空气从迎风面正压区一侧开口进入，从背风面和平行于风向的两侧的负压区开口离开，这种方式为风压作用下的自然通风。

建筑迎风面和背风面的压力分布主要与围护结构的形状和角度有关。图4-3表示在气流作用下建筑四周的压力分布，建筑迎风墙面为正压，两侧及背面为负压。随迎风角度不同，屋面受到风压压力不同，当倾斜角在30°以下时屋面均为负压。

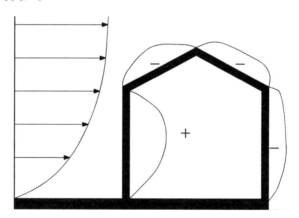

图4-3　建筑周围的风压分布示意图（+代表正压，-代表负压）

建筑的风压大小取决于风向、风速、建筑的形状及开口面积，建筑受风力作用产生风压值的计算公式（4-2）：

$$\Delta p_w = K \frac{\upsilon_w^2}{2} \rho_0 \qquad (4-2)$$

式中：Δp_w ——风力产生的附加压力（Pa）；

　　　K ——空气动力系数；

　　　υ_w ——风速（m/s）；

　　　ρ_0 ——室外空气密度（kg/m³）。

根据1994年英国建筑研究院（BRE）[154]研究表明，整个建筑的总风压大致等于风速压力，风速随着建筑的高度增加而增大，并由于城市峡谷效应在建成区域减小。自然通风的理想方式为穿越式通风，穿越式通风的理想风压差为10Pa，但实际上风向和风速并不稳定且会发生变化[155]。

依靠自然通风会有一定空间深度限制。大多数资料表明，空间深度与高度之比不高于5倍有利于风压通风。因此，为了保证风力驱动下的通风能够在大空间有效工作，增加负压的牵引力能够增强整个空间的空气流通。此外，空间中应该没有或只有有限的障碍物，如果存在障碍物，则需要增大通风开口的尺寸。

风作为一种自然资源永远不会稳定，无论大小还是方向。因此，建筑上的压力场一直在变化，对于风压产生的自然通风来说，精确的换气率很难预测。

4.1.3 热压和风压联合驱动

建筑自然通风过程中，风压和热压常常紧密联系共同作用。利用两种压力作用，建筑空间组合有以下几种方式（图4-4）。

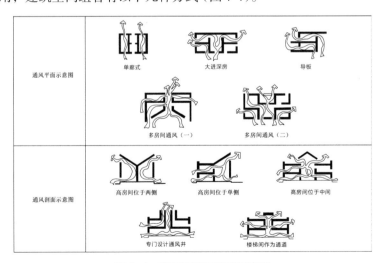

图4-4　热压和风压通风示意图

两种压力有时会在同一方向起作用相互促进，有时则在相反的方向起作用相互制约[156]。在建筑通风设计中，采用自然通风方式时，房间的进深较小时可以利用风压通风；房间的内热大、室内外温差较大时可以利用热压通风。调研采暖期教学楼，教室和走廊空间换气时主要依靠热压。同时，可以根据空气流动的路径和特点，利用风压增加换气量，提高换气有效性。由于风压和热压可能产生相反方向压力，所以设计时要避免二者相互抵消。

4.1.4 辅助式自然通风

机械通风技术发展成熟，应用也比较广泛，曾经让人忽视了自然通风的作用，但其安装费用高、能源消耗大、改造困难大，还容易形成"病态建筑综合征"等问题，让自然通风开始重新受到重视。不过，自然通风具有较大的局限性，完全依靠自然通风很难解决通风路径过长、流动阻力大、室外空气污染严重或不适宜的气候条件等问题，所以，采用一定的增强空气流动和改善空气舒适性的手段，例如太阳能烟囱、风机、空气预热装置等方式来辅助自然通风，是提高自然通风利用率的有效方法。

4.2
教学楼空间通风设计

4.2.1 教学楼空间通风的可利用条件分析

中小学教学楼具有独特的建筑特点和使用特征，为教学楼空间通风设计提供了有利条件，主要有以下几个方面：

第一，严寒地区保温节能对建筑密闭性的要求。国家节能标准[112]明确规定了75%的公共建筑节能目标，对门窗密闭性也有相应的要求，因此，严寒地区中小学教学楼在冬季会形成相对封闭状态，教学楼内部空间形成对外封闭、对内连通的空间形式，为内部空间的空气流动减少了外部干扰。

第二，教学楼建筑内部空间布局特点为教学楼空间通风提供了非常有利的设计条件。教学楼在封闭时期，水平走廊和垂直楼梯（或中庭、天井）等开敞空间形成可供空气流动的通风通道，与并联分布在网络通风通道上的教室、办公室等房间进行气体交换。教学楼的中庭、楼梯等垂直空间可以形成烟囱效应，促进教学楼空间通风。

第三，教学楼不同功能空间的温度标准要求造成的温度差有利于空气流动。教室和走廊的温度在设计标准上存在差异，为两个空间换气提供了驱动力。教室的设计温度18℃，在调查中发现由于人员密集，教室温度普遍在20℃以上。走廊的设计温度为16℃，由于走廊开外门和外窗的原因，走廊温度低于设计值，通常在10～12℃，现场调研中发现，学生由于着装指数因素，能够接受和适应走廊温度条件。教室和走廊的温度差约10℃，非常有利于两个空间的气体交换。教室较热空气排出、走廊较冷空气进入，在教室形成垂直温度差，可以形成置换通风效果，达到提高换气效率的目的。再有，中小学教室的特点是人员密集、内热大，可以为进入教室的较冷空气提供所需的热量。

第四，教学楼使用的统一性有利于教学楼空间通风。教学楼的使用时间具有规律性，有固定的上学和放学时间，上课时间全在教室，所有影响通风的因素在上课时间都是相对稳态的，减少了对通风的干扰。下课时间除特殊原因，学生被要求进行户外活动，教学楼内几乎没有污染源，在此时间加大教室与走廊的换气有利于进一步提升室内空气质量，为下一节课提供良好的初始环境。

第五，教学楼使用对象有利于教学楼空间通风的舒适性控制。中小学各阶段的学生在生理、心理和行为特点上具有一致性，可以针对固定群体进行舒适的室内空气环境设计。利用青少年的着装、生理、活动等习惯和环境适应性等特点，可以增大走廊与教室温差，有利于通风。3.2.3舒适温度范围计算结果和学生满意度调查表明，学生能够适应较大的温度变化，能够接受在一个环境中由于温度分层带来的温差变化。

4.2.2 教学楼空间通风构想

严寒地区教室在冬季既需要相对稳定的热环境，保持室内人员的热舒适，又需要良好的室内空气质量，保证学生的身体健康和学习效率。因此，需要设计适应严寒地区气候的中小学教学楼通风方式，使教室在冬季不宜开窗条件下获得足够的新风，满足教室空气质量要求。

根据中小学教学楼建筑的冬季密闭性要求、内部空间特点、使用与管理方式、使用者需求等条件提出教学楼空间通风方式。教学楼空间通风方式是以围合封闭的教学楼整体空间作为通风主体，利用教学楼内部开敞空间作为送风和排风的通风通道，教室等功能空间与通风通道之间的温度差作为换气动力，在两个空间相邻界面设置换气开口进行气体交换，避免了在教学楼内使用机械管道系统。为最大限度减少辅助设施，教学楼空间通风方式采用统一进、排风口的设计，根据室外空气条件对室外新风采用送风、预热、过滤等措施。图4-5为教学楼空间通风系统的设计构想示意图。

严寒地区中小学教学楼空间通风是以开发教学楼空间通风路径、利用热压通风动力为前提，通过教室与通风通道换气改善室内空气质量，利用机械或被动技术作为辅助动力的复合通风方式。教学楼空间通风方式是为应对严寒地区气候条件而提出，解决了采暖时期教学楼在封闭状态下的适用性通风方式问题，以满足使用期间教室室内空气质量要求。

教学楼空间通风系统分为两个部分：

一部分是教学楼建筑自身形成的通风空间网络，包括进排风口、水平与竖向通风通道、教室等功能空间与通风通道空间换气界面开口。经过预处理的新鲜空气从教学楼的进风口进入，温度较低的新风在水平通风通道下部流动，通过换气界面开口与教室等房间交换气体，温度较高的混合气体经水平

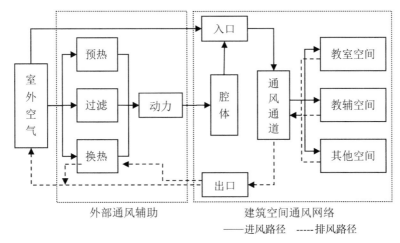

图4-5 教学楼空间通风构想示意图

通风通道上部流向竖向风道，在热浮力作用下上升至排风口排出室外或进入换热系统。

另一部分是教学楼空间通风的辅助部分，包括送风或排风辅助动力、进风管道或过渡腔体、预热或换热设施、过滤装置等。送风或排风辅助动力装置可依据现场条件进行选择。依据辅助通风方式，教学楼空间通风可形成"送风辅助"+"热压通风"或"排风辅助"+"热压通风"的通风模式。

4.2.3 教学楼空间通风网络建立

中小学教学楼水平与竖向开敞空间组成网络形成进排风通道，为空气提供流动空间。教学楼进排风口、空间通风通道、换气界面开口等组成部分的设置决定了教学楼空间通风的效果。

1.教学楼进排风口

教学楼空间通风的进排风口设置要使空气从进入教学楼到排出过程形成有效的流动路径，保证新鲜空气流动的覆盖面，即保证新鲜空气能够到达每个需要换气的房间，房间内的污染气体能够快速排出，防止空气滞留影响换气效果。

进排风口还要结合冬季教学楼的空间特点进行设置。封闭的教学楼形成庞大而复杂的空间网络，而且教学楼层数较多，因此，进排风口应均衡布置，防止通风不均匀。在以教学楼走廊空间作为水平通风通道的情况下，为减少进气和排气之间的交叉，最好的进风方式是在每层走廊设置进风口。教学楼空间通风的排风设计利用热压通风原理，排风口的位置要尽量高，与进风口形成较大的高差，因此，选择楼梯或中庭顶部高出屋面处适当位置设置排风口。

冬季通风要保证进风温度，避免室外低温空气直接进入教室影响学生的热舒适性，室外空气需要进行预热处理达到舒适性要求后进入教学楼。因此，教学楼的进风口可与集中设置的进风腔体或通风管道连接，进风腔体和集中通风管道可作为新建和改建中小学教学楼的通风辅助部分。室内空气质量与能量效率（EE）密切相关[157]，冬季教学楼通风的同时，为保持室内舒适性，无论室外空气预热还是教学楼空气温度平衡都会额外增加能量消耗，因此，应控制进排风口数量和通风量大小，以有效减少辅助设备设施，有利于节能。

2.空间通风通道

中小学教学楼内部的开敞空间主要是以走廊为代表的水平开敞空间和以楼梯为代表的竖向开敞空间。在教学楼封闭状态下，水平开敞空间和竖向开敞空间组合形成教学楼空间通风通道。外部新鲜空气进入走廊后会下沉到水平开敞空间的下部，并在对流或压力作用下沿着走廊下部空间向远端流动，同时与教室空间换气进入教室。教室内的污染空气被排到走廊，由于污染空气的温度高于走廊温度，从而在走廊上空堆积。水平和竖向空间通风通道排风即利用热空气上浮积聚在水平空间上层，污染热空气在烟囱效应的作用下进入楼梯等竖向空间并上升，最终从顶部排风口排出室外。教学楼空间通风通道平面示意图见图4-6。

教学楼水平开敞空间主要有两种形式，第一种是只有走廊为开敞水平空间，其他空间均为封闭的房间，如教室、办公室等；第二种是除走廊外，还有一些房间位置设计成开敞空间，可以作为休息、交流的场所。竖向空间

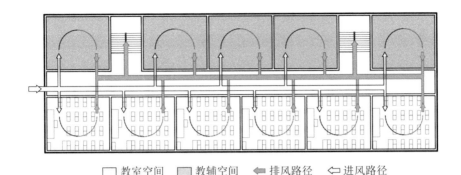

□ 教室空间　■ 教辅空间　⬅ 排风路径　⬅ 进风路径

图4-6　教学楼空间通风通道平面示意图

如楼梯、中庭等位置，其数量主要与疏散设计和空间设计相关，会存在一个竖向空间或多个竖向空间。水平开敞空间的形式、尺度、位置以及竖向空间位置和数量变化都会对空间通风通道的通风作用产生影响。

3.换气界面开口

中小学教学楼空间通风的换气界面是指水平通风通道与教室之间空气交换界面，即走廊和教室之间的隔墙。换气界面的开口方式对教室室内风环境有重大影响。研究结果证实，教室外窗关闭时，其最主要的通风路径被切断，开门可以降低教室 CO_2 浓度，正交试验结果显示开门时间和开口面积对教室通风影响程度较高。

由于走廊温度设定低于教室，根据教室内空气与走廊空间空气的温度和污染物浓度差异性，利用热压原理将教室换气的排风口设置在换气界面的上部，进风口设置在换气界面的下部。污染热空气从上部排出，室内形成负压使新鲜空气从走廊低区进入房间。这种换气方式有利于形成空气置换效果，同时也有利于走廊保持人行高度空气的新鲜度。换气界面开口的相对位置、大小、高度都会对教室风环境产生重要影响。

4.教室等功能房间

功能房间是指教学、教辅和办公等功能性房间，是与空间通风通道相连接的封闭空间。功能房间是通风的目的空间，进排风口、通风通道和换气界面开口都是围绕功能空间的通风效果进行设计。由于普通教室空间是教学楼中数量最多、人员最密集、使用时间最长的空间，所以，为减少工作量，研究中只针对普通教室空间。教室的人员密集度、面积大小、形式和高度都会对通风产生影响，但由于严寒地区中小学教室特点和尺度等都比较接近，因此在后续的研究中以实地测量教室为模型，分析空间通风通道、换气界面开口的变化对教室通风的影响。

4.3

教学楼空间通风实验测试与计算

4.3.1 教室 CO_2 浓度的空间模态分布特征

选择C2教室作为实验测试样本，C2教室信息详见表2-10，其中由于教室更换使用班级，新班级人数38人。

4.3.1.1 教室封闭状态下 CO_2 浓度的空间模态分布特征

1. CO_2 浓度在教室竖向空间模态分布特征

选择在教室讲台一侧的竖向布置5个测点，测点高度从1.0m起，每400mm增加一个测点，最高测点距地约2.6m，测量位置见图4-7。

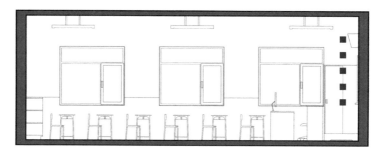

图4-7　教室竖向空间 CO_2 浓度模态分布示意图

统计结果显示，在教室密闭状态下，教室不同空间高度的CO_2浓度值有一定差异，但CO_2浓度变化范围和变化规律基本一致。由图4-8可见，在测量的竖向高度中，1.8m成为分界点，在1.8m处CO_2浓度平均值明显高于1.0m、1.4m、2.2m和2.6m高度的CO_2浓度平均值。主要原因是教室封闭时，CO_2浓度竖向分布主要受学生呼吸和CO_2浓度影响。人呼出的污染空气温度接近人体温度，其中含有的CO_2浓度是普通空气中CO_2浓度的70多倍，CO_2密度高于空气，刚呼出的污染空气会快速下降，被周围空气稀释后，由于其温度较高，开始上升，因此出现了CO_2浓度在1.0m、1.4m、18m随高度增加而变大，当污染空气到达1.8m后在上升过程中再度被稀释，由于CO_2密度大，上升变缓，在1.8m以上CO_2浓度开始下降。

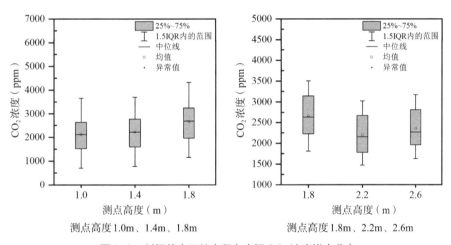

图4-8 封闭状态下教室竖向空间CO_2浓度模态分布

通过对CO_2浓度在空间高度上分布的测量分析，教室空间距地1.8m高度的CO_2浓度最高，在实施通风策略时，在CO_2高浓度区域设置排气开口，有利于快速排出污染气体，降低室内CO_2浓度。

2. CO_2浓度在教室水平空间模态分布特征

CO_2浓度在教室水平空间的测量位置示意图和测试现场照片见图4-9，选择在教室的前、中、后3个位置各布置一个测点，根据学生坐姿口部高度，测点高度设置在1.0m，测点距离学生口部和墙面均大于0.5m。

测量结果显示，在教室密闭状态下，室内空气流动主要受学生呼吸和热辐射对流的影响，处于相对稳定状态，CO_2浓度在教室水平空间3个位置的变化规律基本是一致的。教室前、中、后3个测点的CO_2浓度分布情况见图4-10，教室中部CO_2浓度平均值，为2550ppm，教室前部CO_2浓度平均值，为2238ppm，教室后部CO_2浓度平均值为2334ppm。教室各区域人员密度为中部最高，后部略高于前部，可以看出，教室内3个测点CO_2浓度的高低主要与测量仪所在位置的人员密度有关。

a）CO_2浓度测点位置   b）现场照片

图4-9　教室水平空间CO_2浓度模态分布测试

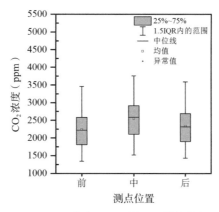

图4-10　教室不同区域CO_2模态分布

4.3.1.2 教室开口状态下CO_2浓度的空间模态分布特征

为进一步评价换气界面开口方式对通风性能的影响，分析不同开口方式下CO_2浓度在水平空间的分布特征和变化规律，根据热压通风原理和教室现实条件，利用教室门设置3种开口方式进行测试分析。3种换气界面开口方式的开口面积相同，每个开口面积为$0.4m^2$，2个开口面积共$0.8m^2$，具体设置如下：

开口方式1：换气界面对角开口。根据教室和走廊温度存在差异时能够形成上部热空气排出和底部冷空气进入的特点，在教室前后门各保留尺寸为$0.8m \times 0.5m$的开口上下布置，其他部分用纸板密封。开口示意和现场测试见图4-11a）。

开口方式2：换气界面上部开口。这种方式是根据北方通风常用气窗的原理，在两个空间温度差较大时，热空气从开口的上部向外流动，冷空气从开口的下部进入，两个开口尺寸均为$0.8m \times 0.5m$。开口示意和现场测试见图4-11b）。

开口方式3：换气界面竖向开口。这种方式是根据单侧下送上排的方式，前后各设置尺寸为$0.2m \times 2m$的换气开口，这种开口方式在同一开口处形成上排风和下进风。开口示意和现场测试见图4-11c）。

测量时期为保持走廊空气的新鲜度，走廊窗口为开启状态（图4-12）。测量上课时走廊窗口处风速变化在$0.7 \sim 1.4m/s$，教室旁的走廊空气流速为$0.1 \sim 0.3m/s$，空气中CO_2浓度为$550 \sim 800ppm$。

测量走廊和教室在3种换气界面开口方式下的平均温度见图4-13。教室平均温度差异较小，分别为23.38℃、23.64℃和23.01℃，教室保持较高温度的原因是为了防止教室温度低对孩子产生影响，在老师建议下，把电热膜的采暖温度设置成27℃，走廊平均温度分别是14.99℃，12.65℃和12.69℃，走廊与教室最大温度差约11℃。

3种换气界面开口方式下教室前、中、后测点的CO_2浓度分布情况见

a）教室开口方式1示意图和现场照片

b）教室开口方式2示意图和现场照片

c）教室开口方式3示意图和现场照片

图4-11　3种换气界面开口方式示意图和现场照片

图4-12　走廊现场测量照片

图4-14。总体来看，在相同开口方式下3个水平位置测点CO_2浓度变化规律基本一致，前、中、后的CO_2浓度值在相同时刻具有一定差异性。由于3种开口方式不同、CO_2初始浓度不同，教室内3个测点CO_2浓度变化也不同。

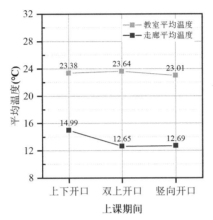

图4-13　测试期间走廊和教室温度

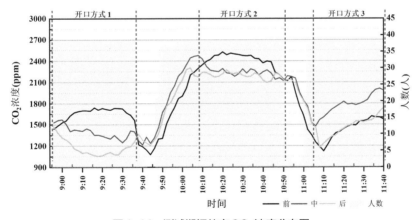

图4-14　测试期间教室CO_2浓度分布图

图4-15显示了不同开口方式对教室不同水平位置CO_2浓度的影响。

在开口方式1条件下，教室内3个测点的CO_2平均浓度为1408ppm，3个测点具有较大差异，其中教室后部CO_2浓度平均值最低，为1171ppm，教室前部CO_2浓度平均值最高，为1655ppm，教室中部CO_2浓度平均值为

1399ppm，详见图4-15a）。教室前门开口处温度为12.28℃，后门开口处温度为17.94℃，说明热空气从教室后门上部开口处排出，走廊冷空气从教室前门下部开口进入，形成明显的空气从进口到出口的流动路径。

开口方式2条件下，教室3个测量位置的CO_2浓度分布见图4-15b）。教室3个测点的CO_2平均浓度为2284ppm，其中教室前部CO_2浓度平均值最高，为2413ppm，教室中部和后部CO_2浓度平均值比较接近，分别为2244ppm和2196ppm。教室前门和后门开口处温度基本一致，分别为12.76℃和12.50℃，说明这种开口方式的两个开口换气比较一致。

开口方式3条件下，教室3个测量位置的CO_2浓度分布见图4-15c）。与

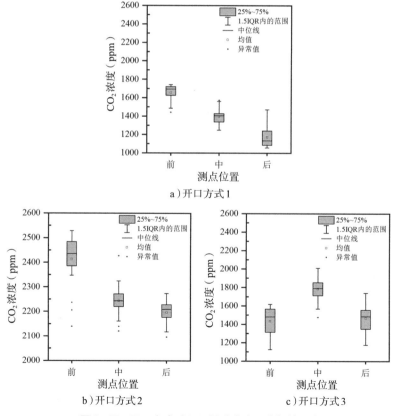

a）开口方式1

b）开口方式2

c）开口方式3

图4-15 开口方式对CO_2浓度在水平空间的影响

开口方式2影响室内CO_2浓度分布趋势比较一致，教室3个测点的CO_2浓度平均值为1563ppm，其中教室中部CO_2浓度平均值最高，为1785ppm，教室前部和后部CO_2浓度平均值比较接近，分别为1435ppm和1468ppm。说明教室前后竖向开口方式分别在两个开口区域形成主要换气空间，对教室中间影响最小。教室前门开口距地0.5m处的温度值为12.65℃，距地1.8m处的温度值为17.47℃，说明在开口处形成了下进上排的空气流动方式。

教室和走廊的空气交换动力主要是教室和走廊的温度差，教室内温度高的空气从换气界面较高开口处排出，从而带动室内空气流动。从开口方式1和开口方式2对CO_2浓度的变化影响可以看出，距离通风动力口越近位置CO_2浓度越低。

开口方式1和开口方式3的教室CO_2初始浓度比较接近，分别为1481ppm和1395ppm，两种开口方式下的上课期间CO_2平均浓度分别为1407ppm和1765ppm，对比可以看出，开口方式1的通风效果明显好于开口方式3。由于开口方式2的教室CO_2初始浓度相差较大，无法直接与开口方式1和开口方式3进行比较。

第3章研究已经发现，教室CO_2浓度变化和CO_2初始浓度有关，开口方式2测试期间教室内CO_2初始浓度平均值为2338ppm，远高于开口方式1和开口方式3，主要原因是开口方式2测试前20分钟教室人员聚集，CO_2浓度不断升高。为对比3种开口方式的通风能力，通过每节课CO_2浓度的初始值和最终值计算不同开口方式的通风量（表4-1）。

3种换气界面开口方式下的通风量　　　　　　　表4-1

开口方式	测点位置	CO_2浓度（ppm）		通风量（m³/s）	
		初始浓度	终止浓度	测点通风量	平均通风量
1	前	1442	1561	0.132	0.161
	中	1530	1401	0.161	
	后	1471	1260	0.191	

续表

开口方式	测点位置	CO_2浓度（ppm）		通风量（m^3/s）	
		初始浓度	终止浓度	测点通风量	平均通风量
2	前	2241	2129	0.091	
	中	2427	2121	0.095	0.093
	后	2347	2140	0.092	
3	前	1250	1572	0.121	
	中	1475	1983	0.078	0.102
	后	1461	1741	0.107	

通过计算得到开口方式1的平均通风量最大，为0.161m^3/s，原因是这种开口方式形成了下进风上排风的换气模式，有效地利用了教室和走廊的温度差和进排风口高度差。开口方式2和3的平均通风量是0.093m^3/s和0.102m^3/s，开口方式2通风最差的原因是开口都在上部，温差利用效果不如开口方式1和3。开口方式3在同一开口处上排下进，开口的高度差和温差利用会比方式1差，而且开口中间形成中和面，容易出现静止和反混现象，相对减少了换气开口的面积。尽管开口方式2的平均通风量小于开口方式3，但从变换趋势上看，开口方式2的CO_2浓度总体保持下降趋势，开口方式3的CO_2浓度保持上升，主要是受CO_2初始浓度的影响。相比之下，开口方式1最有利于教室换气。

4.3.2 基于CO_2浓度的教室最小通风量计算

严寒地区冬季中小学教室通风主要是保持使用者生理新风需求和污染物浓度稀释需求。根据《中小学校设计规范》GB 50099—2011中小学学生人均新风量19m^3/h，教室最小换气次数2.5～4.5h^{-1}。实际上教室对新风量的需求主要与教室的人数和人员密度相关，前期研究发现在教室人均面积1.3～1.7m^2、人员数量不同的情况下，教室内CO_2浓度上升速率也不相同，所以需要的新风量也不同。

根据 CO_2 浓度计算教室内最小通风量，首先计算教室 CO_2 浓度生成量。青少年的新陈代谢水平、身高、体重和呼吸商决定了 CO_2 挥发率的大小，其关系式[158]可以表示为：

$$F = RQ \frac{0.00056028 \times H^{0.725} \times W^{0.425} \times M}{(0.23 \times RQ + 0.77)} \qquad (4\text{-}3)$$

式中：F——CO_2 的挥发率（L/s）；

RQ——呼吸商，通常取 0.83；

H——人的身高（m）；

W——人的体重（kg）；

M——人体的新陈代谢率（Met）。

以实验样本教室 C2 作为计算样本，C2 教室详细信息见表 2-10。实际测量样本教室 C2 学生和老师的身高和体重（表 4-2），为便于计算，学生身高和体重均使用平均值。

教室人员的物理参数　　　　　　　　　　　　表 4-2

实际人员	身高（m）	体重（kg）	人数（人）
学生	1.42	40.1	38
老师	1.60	54.8	1

人每次呼吸的气体量是 10mL/kg 体重，儿童一分钟呼吸次数大约在 18～20 次，所以研究对象的空气呼出量如表 4-3 所示：

人员气体呼出量　　　　　　　　　　　　表 4-3

人员	体重（kg）	呼气量（mL）	每次呼吸时间（s）	每秒呼出气体量（mL/s）
学生	40.1	401	3.2	125.3

人体新陈代谢率详见表 2-12，选取静坐学习时的新陈代谢率 1.2Met。

根据以上参数，结合公式（4-3），可以算出在放松站着状态下教师的 CO_2 浓度挥发率约为 4.6mL/s，静坐状态下学生的 CO_2 散发率约为 3.6mL/s，在人体模型的头部位置，相当于学生坐姿口部高度处开一个尺寸为 $0.025\text{m} \times 0.02\text{m}$ 的面，代表人体的 CO_2 呼出面。因为学生每秒呼出气体量约为 125.3mL，即 $1.253 \times 10^{-4}\text{m}^3/\text{s}$，根据流量公式[159]：

$$Q = AV \qquad (4\text{-}4)$$

式中：A——人体呼口的面积（m^2）；

V——人体呼出气体的速度（m/s）。

所以每个学生呼出气体的速度约为 $0.25\ \text{m/s}$。

教室送风量[151]的确定：

$$G = \frac{\rho M}{c_y - c_j} \qquad (4\text{-}5)$$

式中：G——稀释 CO_2 所需换气量（kg/h）；

M——室内 CO_2 的散发量（kg/h）；

ρ——空气密度（kg/m^3）；

c_y——室内空气中 CO_2 的最高允许浓度（kg/m^3）；

c_j——进入空气中 CO_2 的浓度（kg/m^3）；取值为 380ppm。

根据空气质量一、二级限制值和最高 CO_2 浓度限制值，计算不同 CO_2 初始浓度条件时 30 分钟课与 40 分钟课、下课时长为 15 分钟的教室所需最小通风量。

当上课期间平均 CO_2 浓度不超过一级空气质量标准限值 1000ppm 时，计算不同 CO_2 初始浓度下 30 分钟课与 40 分钟课的上课和下课期间最小通风量和下课时刻 CO_2 浓度值见表 4-4 和表 4-5。可以看出，30 分钟课与 40 分钟课上课期间的不同 CO_2 初始浓度对通风量的影响规律基本一致。

30分钟课上不同CO₂初始浓度条件下的通风量 表4-4

初始浓度 （ppm）	上课期间通风量* （m³/s）	下课期间通风量** （m³/s）	平均通风量 （m³/s）	总通风量*** （m³/45min）	下课时刻CO₂ 浓度（ppm）
400	0.053	0.850	0.319	860.4	1477
500	0.093	0.315	0.167	450.9	13487

初始浓度 （ppm）	上课期间通风量* （m³/s）	下课期间通风量** （m³/s）	平均通风量 （m³/s）	总通风量*** （m³/45min）	下课时刻 CO_2 浓度（ppm）
600	0.127	0.292	0.182	491.4	1250
700	0.157	0.193	0.169	456.3	1173
800	0.185	0.116	0.162	437.4	1106
900	0.212	0.053	0.159	429.3	1047
1000	0.236	0.001	0.158	425.7	1000

注：* 30分钟课上课期间通风量；** 15分钟下课期间通风量；*** 包含上课和下课期间的45分钟总通风量

30分钟课上课期间教室 CO_2 初始浓度越低，上课时间的通风量越小，最低只需 $0.053\,m^3/s$，但下课时刻的 CO_2 浓度最高值1477ppm与 CO_2 初始浓度差异最大，下课15分钟回到初始浓度需要的通风量也最大，达到 $0.850\,m^3/s$。教室 CO_2 初始浓度越高，上课时期的通风量越大，下课时期的通风量越小。假设 CO_2 初始浓度达到极限1000ppm时，保持这一水平的通风量达到 $0.236\,m^3/s$，下课时由于没有污染源，理论上无需通风，可以保持不变。从上、下课两个时期的总通风量可以看出，初始浓度越高，总风量越小，但是从 CO_2 初始浓度为500ppm开始到1000ppm，送风量的总和之间的差值越来越小。当平均浓度控制在同一水平时，初始浓度越低，课程结束时的 CO_2 浓度越高，当 CO_2 初始浓度为400ppm时，课程结束时 CO_2 浓度最高约为1476ppm，不超过1500ppm。可见当室内 CO_2 初始浓度为 $400\sim1000$ppm，控制平均浓度不超过空气质量一级指标限值时，室内空气条件都非常好。

相比30分钟课的上课时长，40分钟课上课期间的通风量在 CO_2 初始浓度较低时增大明显，随着 CO_2 初始浓度不断升高，差值越来越小，初始浓度为1000ppm时，几乎没有差异。下课时期的变化规律与上课时期正好相反。

3.1.1研究结果已经说明，上课时期室内空气质量达到一级标准的难度非常大。选择上课期间平均 CO_2 浓度达到二级空气质量标准限值1500ppm

40分钟课上不同CO_2初始浓度条件下的通风量   表4-5

初始浓度 （ppm）	上课期间通风量[*] （m^3/s）	下课期间通风量[**] （m^3/s）	平均通风量 （m^3/s）	总通风量[***] （$m^3/55min$）	下课时刻CO_2 浓度（ppm）
400	0.116	0.820	0.308	1016.4	1352
500	0.140	0.425	0.218	718.5	1266
600	0.161	0.279	0.193	637.5	1198
700	0.182	0.182	0.182	600.6	1135
800	0.200	0.111	0.176	579.9	1087
900	0.219	0.051	0.173	571.5	1039
1000	0.236	0.001	0.172	567.3	1000

注：[*]40分钟课上课期间通风量；[**]15分钟下课期间通风量；[***]包含上课和下课期间的55分钟总通风量

时，计算不同上课时间在不同CO_2初始浓度下最小通风量和下课时CO_2浓度值发现，初始浓度越低，下课时CO_2浓度超标越多，初始浓度越高，下课时CO_2浓度超标越少。当CO_2初始浓度为1000ppm时，下课时CO_2浓度约1860ppm，说明教室CO_2初始浓度在400～1000ppm时，教室下课时的CO_2浓度均会高于1500ppm。除非出现极端情况，教室始终保持1500ppm，因此，只要控制最高CO_2浓度限制指标，可以同时满足二级指标要求。除以上讨论外，其他结论与上课期间平均CO_2浓度不大于1000ppm时相同，在此不再赘述。

上课期间CO_2浓度最大值等于最高限值1500ppm时，计算不同CO_2初始浓度下30分钟课与40分钟课的上课和下课期间最小通风量和上课时期平均CO_2浓度值见表4-6和表4-7。

30分钟课上不同CO_2初始浓度条件下的通风量   表4-6

初始浓度 （ppm）	上课期间通风量[*] （m^3/s）	下课期间通风量[**] （m^3/s）	平均通风量 （m^3/s）	总通风量[***] （$m^3/45min$）	上课时期平均CO_2 浓度（ppm）
400	0.048	0.851	0.316	852.3	1010
500	0.060	0.475	0.198	535.5	1064

初始浓度 （ppm）	上课期间通风量 * （m³/s）	下课期间通风量 ** （m³/s）	平均通风量 （m³/s）	总通风量 *** （m³/45min）	上课时期平均CO₂ 浓度（ppm）
600	0.071	0.346	0.163	439.2	1113
700	0.080	0.266	0.142	383.4	1162
800	0.088	0.208	0.128	345.6	1210
900	0.096	0.163	0.118	319.5	1253
1000	0.103	0.126	0.111	298.8	1296

注：* 30分钟课上课期间通风量；** 15分钟下课期间通风量；*** 包含上课和下课期间的45分钟总通风量

40分钟课上不同CO_2初始浓度条件下的通风量　　　表4-7

初始浓度 （ppm）	上课期间通风量 * （m³/s）	下课期间通风量 ** （m³/s）	平均通风量 （m³/s）	总通风量 *** （m³/55min）	上课时期平均CO₂ 浓度（ppm）
400	0.088	0.851	0.296	977.1	1062
500	0.093	0.475	0.197	650.7	1108
600	0.098	0.346	0.166	546.6	1152
700	0.103	0.266	0.147	486.6	1193
800	0.107	0.208	0.135	444.0	1235
900	0.111	0.163	0.125	413.1	1275
1000	0.115	0.126	0.118	389.4	1314

注：* 40分钟课上课期间通风量；** 15分钟下课期间通风量；*** 包含上课和下课期间的55分钟总通风量

可以看出，与控制在一级空气质量限值1000ppm时相比，采用限制CO_2浓度最高值的方法时，不同初始浓度对上课时期通风量、下课时期通风量和总通风量的影响是一致的。不同之处在于所需的最小送风量总量大幅降低，上课时期的送风量大幅减少，当CO_2初始浓度较高时，降低近一半通风量。计算不同初始浓度下的上课时期CO_2平均浓度，变化约在1010～1313ppm，满足二级空气质量指标。因此，当上课时期最高CO_2浓度控制在1500ppm的情况下，教室的CO_2初始浓度越大，越有利于减小总通风量。

综上所述，控制上课期间平均CO_2浓度不超过1000ppm时，将对通风系统、CO_2初始浓度的要求都比较严格。

分析发现，总通风量最小时并不是最理想的通风方式，主要有以下几方面原因：（1）在总通风量最小时，上课时期教室通风量是最大的，尽管上课时期教室内热大，有利于加热低温空气节约能源，但是通风量过大，会造成教室温度低或分层现象严重的问题，影响学生的热舒适；（2）初始浓度过高，已经接近极限值，这种情况对通风系统的要求过高，如果通风系统出现不工作或工作效率问题，室内空气质量无法保证；（3）从通风量方面分析，大风量会增加设计难度，由于通风速度较小，增加通风量时会增大换气界面开口面积，大大增加了设置换气界面开口的难度，很容易超出换气界面所能承担的开口条件；（4）教学楼空间通风方式主要依靠热压，很难提供过大的风速，要提高风速需要加大辅助动力，产生机械能浪费问题，而且教学楼空间大且复杂，增加送风速度会使教学楼空间产生风速不均衡问题。

从表4-6和表4-7可以看出，当CO_2初始浓度在600～900ppm时的总通风量比较接近，上课时通风压力明显减小。下课时通风量要求增多，可以采用开门等方式增加开口面积，提升通风量。相对而言，控制最高限值时，CO_2初始浓度越高越有利，CO_2初始浓度在600～900ppm时通风差异性不大，是较为理想的初始浓度。

4.3.3 教室换气界面开口大小测算

教室换气界面开口的大小主要和室内通风量、通风速度有关。在教室通风量确定的前提下，风速与开口面积成反比，风速越小教室与走廊之间的开口越大，冬季室内最大风速不大于0.2m/s[122]。由于通风时长不同，因此选取通风量进行计算。

根据4.3.1.2测试分析结果，选择开口面积0.4～1.2m^2和通风速度0.05～0.20m/s对应的通风量见表4-8。当上课期间平均CO_2浓度达到一级空气质量标准限值1000ppm时，不同初始浓度上课时期的通风量为$0.053\sim0.236m^3/s$；上课期间CO_2浓度最大值等于最高限值1500ppm时，不同初始浓度上课时期的通风量为$0.048\sim0.115m^3/s$。对比两种通风量计算结果，可以根据开口面积和通风速度调整设计风量，以满足教室空气质量标准所需的通风量。实际上根据教学楼空间通风的设计思路，以改善现有空气质量环境，达到使用标准要求为目标，不苛求最高质量标准，因此，满足最高CO_2浓度限值是空气质量研究的重要指标，这也符合我国当前国情。

不同风速、开口面积下的通风量（m³/s）　　　　　表4-8

风速		0.050m/s	0.100m/s	0.150m/s	0.200m/s
换气开口面积	0.4m²	0.020	0.040	0.060	0.080
	0.5m²	0.025	0.050	0.075	0.100
	0.6m²	0.030	0.060	0.09	0.120
	0.7m²	0.035	0.700	0.105	0.140
	0.8m²	0.040	0.080	0.120	0.160
	1.0m²	0.050	1.000	1.500	2.000
	1.2m²	0.060	1.200	1.800	2.400

　　结合现场实验研究结果，在换气开口面积为$0.4m^2$时，采用下进上排方式，通风速率可以达到$0.160m^3/s$，远高于计算结果，主要原因可能是这种开口方式有置换通风的效果，大大提高了通风效率，还有可能是存在一部分渗透通风量。因此，下一步将选择$0.4m^2$的换气开口面积作为基本单位，进行模拟分析。

本章小结

　　本章在教学楼特点和现状通风性能研究的基础上，提出教学楼空间通风概念，根据通风相关理论和有利于教学楼空间通风的现状条件，构建教学楼空间通风网络。现场测试分析教室CO_2浓度的空间模态分布特征，计算教室最小通风量和换气界面开口面积。主要结论如下：

（1）冬季教学楼呈封闭状态下，其水平与竖向开敞空间共同组成教学楼空间通风网络通道，封闭房间作为通风网络的节点空间，利用房间与走廊的温度差、换气界面开口高度差形成的热压作为驱动力促进空间空气流动，构建教学楼空间通风模式。

（2）室内 CO_2 浓度的空间模态分布测试与分析结果显示，CO_2 浓度在教室空间各点的变化规律基本一致，在水平空间的分布上主要与人员在教室中的分布密度相关，局部人员密度高，CO_2 浓度高。竖向空间分布上，距地 1.8m 是 CO_2 累积浓度最大的位置。

（3）比较3种换气界面开口方式的通风效果和通风量，3种方式均能实现教室和走廊空间的气体交换，达到改善室内空气质量的目的，证明了热压通风的可实现性，其中对角布置的下进上排方式通风量最大，室内 CO_2 浓度控制较好。

（4）上课时期 CO_2 初始浓度对教室通风量影响较大，主要有两个规律，一是对上课时期和下课时期的通风量分配起到重要作用，初始浓度越高，上课时期通风量越大，下课时期越小；二是对教室通风总量的影响，上课时期 CO_2 初始浓度越高，教室总通风量越大。CO_2 初始浓度为 $600\sim800$ppm 时与 $900\sim1000$ppm 时的总通风量差异较小，而且上下课通风量相对均衡，比较适合作为通风初始浓度。

（5）在 CO_2 初始浓度较低时，上课时间长短对教室所需的通风量有较大影响。CO_2 初始浓度在 $600\sim800$ppm 时，40分钟课比30分钟课所需要的最小通风量最高增加了38%。CO_2 初始浓度为 $900\sim1000$ppm 时，几乎没有差异。

第 5 章

严寒地区中小学教学楼
空间通风模拟研究

本章根据对中小学教学楼建筑特点、通风性能及相关影响因素、教室通风现场实验及计算等研究结果，建立中小学教学楼空间通风的物理和数值模型；利用CFD技术对教学楼空间通风性能进行模拟研究，分析通风通道模式、空间形式、换气界面开口等条件对教学楼空间通风的气流组织、通风量、换气效率和CO_2浓度分布的影响；回归分析教室通风量和教室CO_2浓度、室内温度之间的关系。

5.1

教学楼空间通风CFD建模与验证

为评价中小学教学楼空间通风性能，分析通风通道和教室空间的气流组织、温度、CO_2浓度等性能参数，本研究选用CFD（Computational Fluid Dynamics）软件Airpak对严寒地区中小学教学楼空间通风性能进行数值模拟研究。CFD是基于计算机技术，用于求解流体的流动和传热问题的一种数值计算工具。Airpak软件是基于Fluent（CFD技术软件包）开发的商用数值模拟软件，具有模拟准确、可视化处理和表现能力强、便于模拟数据储存与计算等特点，能够提供通风影响下气流组织、温度场、CO_2浓度分布、速度场等矢量和云图。Airpark对通风的模拟操作便捷、针对性强，可以帮助工程师和建筑师快速、准确地确定有利于通风的建筑条件，为通风设计方案提供理论支持[160]。

5.1.1 物理模型

1. 物理模型参数

根据中小学教学楼调研结果、设计规范要求和已完成的实验测试分析结果等研究条件，建立一个中小学教学楼基本模型作为模拟研究对象。模型中采用严寒地区比较典型的一字形教学楼平面形式。教学楼基本模型选用24班型，南向设置6间普通教室（常用教室），北向布置楼梯间、专业教室和教辅房间。整栋建筑尺寸为52.2m×15.4m×13.2m（长×宽×高），共4层，层高3.3m。二部楼梯均为五层，每部楼梯南侧墙距教学楼屋面2.0m高处设排风口0.6m×1.0m（2个）。走廊宽2.4m，在走廊两侧各附设一个辅助进风腔体，尺寸3.0m×2.4m，底部设进风开口，尺寸3.0m×0.8m。每层走廊与进风竖井之间的开口尺寸为0.6m×2m，底边距地0.1m。普通教室尺寸依据4.3.1实验测试分析的样本教室C2（信息详见表2-10），每间教室人数按最不利因素考虑设定40名学生。根据实验测试结果，将教室与走廊换气界面开口大小为0.8m×0.5m（2个）作为基本开口单元。为简化运算，教学楼模型建立时忽略教室桌椅，学生由立方体替换，立方体与儿童人体表面积相当，尺寸为380mm×20mm×1100mm，口部中心高度1.0m。教学楼标准平面图见图5-1，根据调研情况，考虑教室用房紧张的特点，设定上课时期每层最多7间教室同时上课情况，1～7号教室每班40人呼出CO_2，上课时期其他房间会空置或只有几名教师，人数非常少，不考虑8～11号房间排放CO_2，但考虑房间功能设置的灵活性，所有北向房间均按最不利通风的教室布置，保持教室开口方式。教学楼基础模型如图5-2所示。

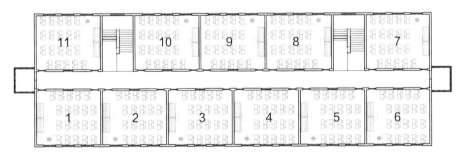

图5-1 教学楼模型标准层平面

2.物理模型简化

如果按照实际教学楼中楼梯、教室门窗以及教室中的学生、桌椅、电脑、投影、电灯等家具和设备建模，会导致模型过于复杂，而且生成的网格

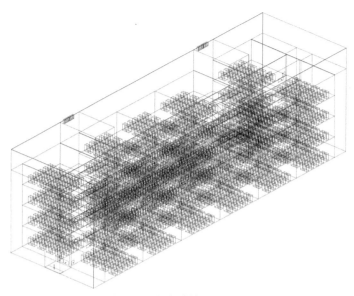

图5-2　教学楼基础模型图

数量太高，对电脑设备要求过高，增加模拟运算时间，因此在保证模拟准确性的基础上，对教学楼模型进行适当的简化，有利于提高模拟效率。教学楼模型简化主要有以下几个方面：第一，为简化运算，教学楼建模时忽略教室桌椅、电脑、灯具等，只保留学生按照座位布置，学生由立方体替换，立方体与儿童人体表面积相当。第二，由于教学楼空间通风是在教学楼密闭情况下实现的，因此不考虑外窗、外门的渗透，统一简化为外墙。第三，教室与走廊换气只考虑设计的界面开口通风，不考虑门窗缝隙的影响。第四，建模时将教学楼楼梯间的踏步简化为斜板，忽略栏杆、扶手。

3.网格划分

在CFD软件模拟分析中，网格划分是一项关键工作，网格质量与模拟结果准确性直接相关。Airpak是以直角坐标系统建立模型，建好模型后可以自动生成网格，用户可以根据实际精度需求设置总体和局部的网格精度，还可根据试算情况对局部需要细化的部位或部件进行"本地化"网格划分。房间空间网格划分设置和网格数量详见图5-3。

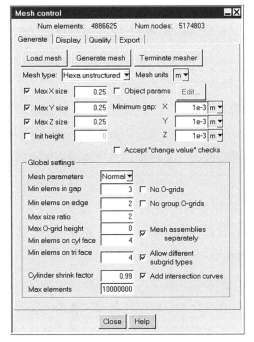

图5-3　空间网格划分设置

　　由于模型较大，避免网格数量过多影响计算效率，综合考虑计算精度和计算时间成本，采用六面体非结构网格自动生成方式；通过指定相邻元素大小的最大比例2，对建筑进排风口、换气界面开口、人体周围等部位进行了局部网格加密。分别对414万、489万、619万、840万数量网格进行计算比较，进行网格独立性检验，得出教学楼达到489万网格数量时教室内学生坐姿高度1.1m处平均CO_2浓度和温度与619万和840万网格数量相比变化量均小于3%，低于仪器误差，说明网格足够精确，因此采用489万网格数量对此模型进行数值模拟研究。

　　4.初始和边界条件

　　经查阅大量文献资料，绝大部分都是在夏季空调供冷时的人体散热量，未查到准确的冬季数据。测量小学生平均身体表面积大约是成人的70%，根据文献[161]和测量的儿童身体数据，设群集系数为0.9，假定儿童人体散热量为45W/人。儿童人均散发CO_2量为3.7mg/s，计算详见4.3.2。忽略日光灯、投影仪、电脑散热。根据第3章对冬季室外CO_2浓度的监测数据，取380ppm作为室外供风CO_2浓度值。由于教室和走廊通过换气界面开口连通，设置教学楼空间的起始模拟温度均为18℃。

太阳辐射热量具有不确定性[162]，随机性大，很难计算精确。朝向附加按照文献[163, 164]进行设定，南向附加-30%～-15%；由于冷风渗透耗热量影响因素更多，且随机性大，也很难用数值模拟方法来准确分析，而且在众多计算渗透耗热的方法中，发现用各种方法（包括国内外）计算得出的空气渗透所导致的失热量相差达6～7倍[165]。根据文献[166]，空气渗透和太阳辐射热量对室内环境在热量贡献方面可以部分相互抵消。鉴于两者的实际模拟困难，将这两者忽略。

在采暖时期教学楼密闭条件下为节能而控制通风量，设置统一的送风或排风，不考虑室外气候变化对室内温度和通风效果的影响。因此，为简化模型，减少计算时间，假设外墙绝热，室内采暖设施供热与外围护结构散热平衡维持室内温度18℃，其他室内热辐射只考虑学生散热量。

根据4.3.2计算教学楼模型条件下的必要通风量约17000m³/h，根据送排风口面积，分别设定送风辅助方式时的送风速度为2m/s，采用排风辅助方式时的排风口部压力为-20Pa。教室和走廊之间的换气界面开口均为自由出流和入流边界。

5.1.2 数学模型

1.控制方程

流体流动及换热三大定律，即质量守恒、动量守恒和能量守恒定律，可用通用式（5-1）来表示。

$$\frac{\partial(\rho\varphi)}{\partial t} + div(\rho u\varphi) = div(\Gamma grad\varphi) + S \tag{5-1}$$

式中：φ ——通用变量；

    Γ ——广义扩散系数；

    S ——广义源项。

对于特定方程以上各变量的具体形式见表5-1。

变量 φ、Γ 及 S 的表达式

表5-1

方程	φ	Γ	S
连续性方程	1	0	0
动量方程	u_i	μ	$-\dfrac{\partial p}{\partial x_i}+S_i$
能量方程	T	k/c	S_T
组分方程	C_s	$D_s\rho$	S_s

对于大多数建筑来说，强制通风和自然对流的空气流态都属于湍流。基于Boussinesq假设，在湍流的工程计算中 $k\text{-}\varepsilon$ 两方程模型应用最广，具有计算成本经济、精度合理的特点。$k\text{-}\varepsilon$ 两方程模型是在原对流换热微分方程组的基础上再补充两个有关新参数的方程，如以下两式：

紊流脉动动能方程：

$$\frac{\partial(u_j\varepsilon)}{\partial x_j}=\frac{\partial}{\partial x_j}\left[\left(v+\frac{v_t}{c_\varepsilon}\right)\frac{\partial\varepsilon}{\partial x_j}\right]+C_1C_\mu K\frac{\partial u_i}{\partial x_j}\left(\frac{\partial u_i}{\partial x_j}+\frac{\partial u_j}{\partial x_j}\right)-\frac{C_2\varepsilon^2}{K} \tag{5-2}$$

紊流能量耗散率方程：

$$\frac{\partial(u_j K)}{\partial x_j}=\frac{\partial}{\partial x_j}\left[\left(v+\frac{v_t}{c_k}\right)\frac{\partial K}{\partial x_j}\right]+v_t\frac{\partial u_i}{\partial x_j}\left(\frac{\partial u_i}{\partial x_j}+\frac{\partial u_j}{\partial x_j}\right)-\varepsilon \tag{5-3}$$

式中：K——湍动能；

    ε——湍动能耗散率。

本研究选用Airpak软件内置的两方程（$k\text{-}\varepsilon$）。根据离散原理，CFD计算方法可分为：有限差分法、有限元法、有限体积法[167, 168]。本研究采用有限体积法。

2.求解过程和软件结构

图5-4为CFD计算的实际求解过程。这一过程适用于稳态和瞬态，既包括流动与传热问题，还包括污染的运移问题。为简化实际求解过程，方便使用者快速输入相关参数，一般都是将过程集成一定的接口。图5-5为商用CFD软件的三个基本环节。

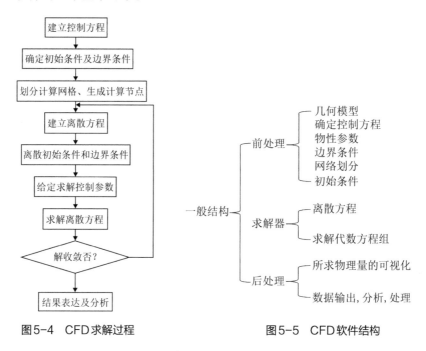

图5-4　CFD求解过程　　　　　　图5-5　CFD软件结构

5.1.3 模型验证

选择4.3.1.1的CO_2浓度和温度实测结果与数值模拟结果进行对比分析，以验证所建模拟模型的可靠性。对比7：50～8：40第一节课时教室1.1m高度的CO_2浓度和温度平均值分布（图5-6、图5-7）。从在7：50～8：40之间学生始终保持坐姿在教室内学习，教室保持封闭状态。

由图5-6可以看出，7：50学生教室CO_2初始浓度值为1215ppm，直

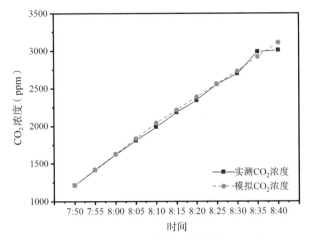

图5-6　7:50～8:40实测及模拟平均CO₂浓度

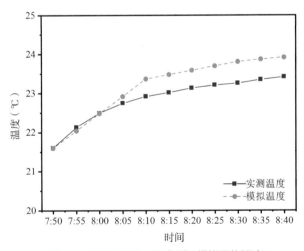

图5-7　7:50～8:40实测及模拟平均温度

到8:40这段时间实测与模拟的CO_2浓度变化规律基本一致。实际测量教室在平均CO_2浓度较高时上涨速度稍稍变缓,模拟整体上涨的幅度与实测相差较小,在最终8:40时刻的实测与模拟的CO_2浓度分别为3010ppm和3112ppm,差值最大达到102ppm,误差仅为3.4%,小于仪器±5%的误差。实测与模拟之间误差的主要原因:模拟未考虑渗透通风的影响,而且设置的人体CO_2释放量的计算结果不是精确数据，同时测量仪器存在一定的误差。但整体变化规律是一致的，误差率较小，相对于教室整体空气质量变化，两种情况CO_2浓度值的差异不影响进一步通风模拟的准确性。

对比在$7:50 \sim 8:40$区间内的实测温度与模拟温度见图5-7，$7:50$时刻的实测和模拟初始温度为$21.60°C$，两者变化趋势基本一致，最大温度差值$0.5°C$。实测与模拟的误差原因与CO_2浓度误差原因基本一致：模拟未考虑渗透通风的影响，室内温度增大时，实测中教室与室外、走廊之间的压力差增大导致渗透加强，另外设置的人体散发热量不是精确数据，同时测量仪器存在一定的误差。

以上对比分析结果表明，本研究运用Airpak软件建立的教学楼通风数值模拟模型具有可靠性。

5.2

教学楼空间通风性能模拟工况设计

根据教学楼建筑特点和通风相关影响因素，选取影响中小学教学楼空间通风性能的通风通道模式、空间形式和换气界面开口方式等三方面条件设立三个工况组，包括通风通道模式（A组）、空间形式（B组）和换气界面开口方式（C组）。每组设置多种工况进行模拟研究，对比分析不同工况影响下的教学楼空间气流组织方式、房间换气量、换气效率和CO_2浓度分布。

5.2.1 通风通道模式的模拟工况（A组）

通风通道模式包括通风路径、通风动力和通风温度三种模式。通风通道模式模拟研究目的：首先，研究不同通风路径和通风动力条件下的空气在通风通道中的流动特点，分析通风可达性和房间通风量；第二，对比分析不同进风温度对教学楼内热舒适性和教室通风量的影响程度，以获得最佳进风温度。设计10种工况（表5-2）进行模拟研究。

教学楼通风通道模式模拟工况　　　表5-2

工况编号	动力方式	温度（℃）	通风方式	工况编号	动力方式	温度（℃）	通风方式
A1	送风	14	单进单排	A5	排风	14	单进单排
A2		14	单进双排	A6		14	单进双排
A3		14	双进单排	A7		14	双进单排
A4		14	双进双排	A8		14	双进双排
A9		10	单进单排				
A10		12	单进单排				

通风路径是根据教学楼水平和竖向空间条件，设置由不同进、排风口组合方式而形成的4种不同空气流动路径（图5-8），分别为单进单排、单进双排、双进单排、双进双排。具体方式情况如下：

（1）单进单排：是指走廊单侧进风，只有一个竖向空间设置排风口。新鲜空气从走廊一端进入教学楼，教室排出的热空气从一个楼梯间顶部的出口排出；

（2）单进双排：是指走廊单侧进风，两个竖向空间设置排风口。新鲜空气从走廊一端进入教学楼，教室排出的热空气分别从两个楼梯间顶部的出口排出；

（3）双进单排：是指走廊两侧进风，只有一个竖向空间设置排风口。新鲜空气从走廊两端进入教学楼，教室排出的热空气从一个楼梯间顶部的出口排出；

（4）双进双排：是指走廊两侧进风，两个竖向空间设置排风口。新鲜空气从走廊两端进入教学楼，教室排出的热空气分别从两个楼梯间顶部的出口排出。

通风动力方式是指教学楼空间通风时辅助动力方式，分为送风辅助和排风辅助两种。通风温度是根据走廊温度的设计要求和现场实测结果，确定10℃、12℃、14℃作为进风温度。

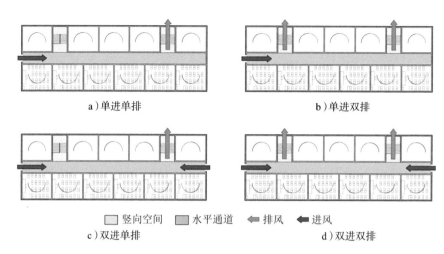

a）单进单排　　　　　　　　　　　　b）单进双排

□ 竖向空间　■ 水平通道　⇐ 排风　◄ 进风
c）双进单排　　　　　　　　　　　　d）双进双排

图5-8　教学楼空间通风路径示意图

5.2.2 空间形式的模拟工况（B组）

本节中根据严寒地区中小学教学楼不同内部空间的形式、尺度和组合方式设计模拟工况，分析不同空间形式以及多种空间形式耦合对教学楼空间通风气流组织和教室换气量的影响。共设定17种模拟工况（表5-3）。

教学楼空间形式模拟工况　　　　　　　　表5-3

工况编号	竖向空间	开敞房间	工况编号	竖向空间	开敞房间/强制换气房间	备注
B1	1S	R0	B10	2S	R11	
B2	1S	R7	B11	2S	R（8～10）	
B3	1S	R9	B12	2S	R（7、9、11）	
B4	1S	R11	B13	3S	0R	
B5	1S	R（8～10）	B14	3S	R（8～10）	
B6	1S	R（7、9、11）	B15	3S	R（7、9、11）	
B7	2S	0R	B16	2S	R0	走廊宽3.0m

工况编号	竖向空间	开敞房间	工况编号	竖向空间	开敞房间/强制换气房间	备注
B8	2S	R7	B17	2S	R0	走廊宽3.6m
B9	2S	R9				

注：R代表房间开敞，数字0代表"无"，其他代表房间号，例：R7代表7号房间开敞；
　　S代表竖向空间（楼梯、中庭等），例：1S代表教学楼内有1个参与通风的竖向空间

不同空间组合形式的模拟工况示意图见图5-9，为了便于比较，空间形式在各层变化保持一致。首先，对同一水平层的空间分别设定为无开敞房间、开敞不同位置单个房间、连续开敞房间、间隔式开敞房间等6种空间开敞模式的模拟工况，分析教学楼内各层水平空间对空气流动和教室通风量的影响。调研结果显示，中小学校的教学楼由于规模原因，普遍为两部楼梯，部分教学楼内有中庭空间，一般不超过3个竖向空间。因此，分析3种不同竖向空间对气流组织和教室通风量的影响。最后，对走廊部分设定3种不同的水平宽度尺寸（2.4m、3.0m、3.6m），模拟3种不同走廊空间尺度对通风性能的影响。

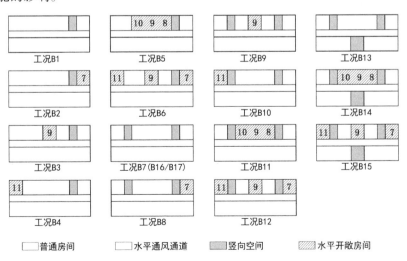

图5-9　教学楼空间形式变化位置平面示意图

5.2.3 换气界面开口方式的模拟工况（C组）

教室换气动力依靠教室和走廊之间的温度差形成的热压，因此，教室和走廊之间的换气界面开口的大小、高差和相对位置关系都会影响房间换气量和气流分布，从而影响室内空气质量。4.3.1研究中对同等开口面积3种不同开口位置进行现场测试，分析发现相同开口面积的条件下，不同的开口方式对教室的通风效果产生较大差异。由于现场测试的局限性，不能完成更多工况的比较。

为更全面地分析不同开口方式对教室空间的换气量、换气效率以及CO_2浓度和温度分布的影响，根据教室与走廊之间换气界面（隔墙）上开口位置、开口大小、开口高差，共设计16种工况进行模拟分析，模拟工况见表5-4。3种换气界面开口方式示意图见图5-10。

换气界面开口方式的模拟工况

表5-4

工况编号	开口布置方式	进风口尺寸（m）×数量（个）	进风口面积（m²）	排风口尺寸（m）×数量（个）	排风口面积（m²）	排风口底边距地（m）
C1	对角布置	$0.8 \times 0.5 \times 1$	0.4	$0.8 \times 0.5 \times 1$	0.4	1.5
C2	对称中排	$0.4 \times 0.5 \times 2$	0.4	$0.8 \times 0.5 \times 1$	0.4	1.5
C3	对称中进	$0.8 \times 0.5 \times 1$	0.4	$0.4 \times 0.5 \times 2$	0.4	1.5
C4	对角布置[a]	$0.8 \times 0.5 \times 1$	0.4	$0.8 \times 0.5 \times 1$	0.4	1.5
C5	对角布置	$0.8 \times 0.5 \times 1$	0.4	$0.8 \times 0.5 \times 1$	0.4	2.0
C6	对角布置	$0.8 \times 0.5 \times 1$	0.4	$0.8 \times 0.5 \times 1$	0.4	2.5
C7	对角布置	$0.8 \times 0.625 \times 1$	0.5	$0.8 \times 0.625 \times 1$	0.5	1.5
C8	对角布置	$0.8 \times 0.625 \times 1$	0.5	$0.8 \times 0.625 \times 1$	0.5	2.0
C9	对角布置	$0.8 \times 0.625 \times 1$	0.5	$0.8 \times 0.625 \times 1$	0.5	2.5
C10	对角布置	$0.8 \times 0.75 \times 1$	0.6	$0.8 \times 0.75 \times 1$	0.6	1.5
C11	对角布置	$0.8 \times 0.75 \times 1$	0.6	$0.8 \times 0.75 \times 1$	0.6	2.0
C12	对角布置	$0.8 \times 0.75 \times 1$	0.6	$0.8 \times 0.75 \times 1$	0.6	2.5
C13	对称中排	$0.5 \times 0.5 \times 2$	0.5	$1.0 \times 0.5 \times 1$	0.5	1.5

工况编号	开口布置方式	进风口尺寸（m）×数量（个）	进风口面积（m²）	排风口尺寸（m）×数量（个）	排风口面积（m²）	排风口底边距地（m）
C14	对称中排	$0.6 \times 0.5 \times 2$	0.6	$1.2 \times 0.5 \times 1$	0.6	1.5
C15	对称中排	$0.6 \times 0.5 \times 2$	0.6	$1.2 \times 0.5 \times 1$	0.6	2.0
C16	对称中排	$0.6 \times 0.5 \times 2$	0.6	$1.2 \times 0.5 \times 1$	0.6	2.5

a，1#、7～10#教室的对角布置风口位置互换

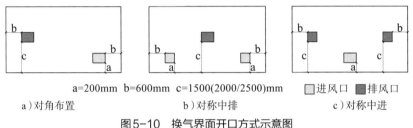

a=200mm b=600mm c=1500(2000/2500)mm   □进风口 ■排风口

a）对角布置   b）对称中排   c）对称中进

图5-10　换气界面开口方式示意图

1.开口位置

开口位置分为对角布置、对称中排及对称中进3种方式（图5-10）。保留现场测量中最好的对角布置开口的通风方式（工况C1），模拟中发现在对角布置开口方式下，教学楼南北对称布置的教室通风量存在一定差异。因此，设置工况C4与工况C1进行对比分析。根据教室中部人员密集特点和教室观察窗位置，设置对称中进和对称中排两种开口位置方式。

2.开口大小

教室开口面积是在4.3.1现场测试开口0.4m²的基础上，增加0.5m²和0.6m²两种开口面积。开口尺寸的选择充分考虑教室与走廊隔墙和门窗的可利用条件。所有靠近教室分隔墙的进排风口边缘与隔墙水平距离为0.6m。对称中进的进风口和对称中排的排风口均居中设置。

3.开口高度

开口高度变化是指上部排风口距地的高度，依据教室层高、可开洞条件以及CO_2浓度竖向分布特点设定排风口底边距地的高度分别为1.5m、2.0m和2.5m。根据进风空气温度不高于走廊设计温度，空气会在走廊下方流动

的特点，以及尽量和排风口形成较大高差并尽量降低对地面灰尘的扰动，统一设定房间进风口距楼地面的高度始终保持在0.2m。

5.3

教学楼空间通风性能模拟结果与分析

5.3.1 通风通道模式对空间通风性能的影响分析

1.通风动力与路径对空间气流组织的影响（工况A1～A8）

为对比不同的辅助动力方式和通风路径对气流的影响，分别截取各种工况的走廊竖向剖面（表5-5、表5-6），显示两种通风辅助模式下不同通风路径的空气流动速度云图和空气流动速度矢量图。

走廊空气流动速度云图　　　　　　　　表5-5

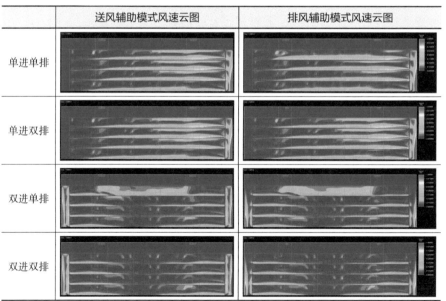

	送风辅助模式风速云图	排风辅助模式风速云图
单进单排		
单进双排		
双进单排		
双进双排		

走廊空气流动速度矢量图　　　　　　　　　　　　　　　　表5-6

	送风辅助模式空气流动速度矢量图	排风辅助模式空气流动速度矢量图
单进单排		
单进双排		
双进单排		
双进双排		

　　对比不同通风路径发现，单进（单排、双排）和双进（单排、双排）方式的空气流速大小差异明显，单进方式整体风速明显高于双进方式，主要原因是双进时通风量分流的作用。单进方式的空气流动方式基本相同，一个通风出口和两个出口对气流影响不大，都是从进风口向走廊远端流动，流动速度逐渐减小，并在到达远端竖向排风口处快速降低。双进方式下，单排和双排方式下1～3层空气流动方式基本相同，单排方式对顶层气流影响较大。

　　对比两种通风辅助模式发现，在排风辅助模式下，四种通风路径都随着楼层的增高气流速度明显降低，主要是由排风口到各层进风口的高差引起。相对排风辅助模式，在送风辅助模式下各楼层风速相对均匀。

　　表5-6空气流动速度矢量图显示，所有工况下新鲜空气进入教学楼都沿着走廊空间底部向前流动，由于进风产生的负压，在靠近进风口一侧走廊上

部的气流向进风口一侧流动，出现气流反混现象。走廊下部空间的风速明显高于中部和上部。从矢量图均可以看出无论排风方式是单排口还是双排口，建筑内的两部楼梯均成为热空气向上流动的竖向空间，在每层靠近楼梯口上部的空气运动速度明显加快，这与教学楼空间通风排风设想相一致。在双进（单排、双排）条件下，三、四层的走廊进风口都有空气流出的现象。单排（单进、双进）条件下，另一楼梯间出来的空气沿四层走廊顶棚向排风口方向流动，因此四层大部分空气运动方向比较一致，都向排风口部流动，整体空气流速明显大于其他3个楼层，造成进风和回风的混合区域增大。

统计所有工况的教学楼走廊风速结果显示，在走廊距地0.4～0.6m高度的平均风速为0.09～0.69m/s，距地0.9～1.2m高度的平均风速为0.17～0.32m/s，距地1.4～1.6m高度的平均风速为0.06～0.19m/s。走廊风速在走廊0.4～1.6m高度呈现逐渐降低、变化范围越来越小的趋势，在0.9～1.6m高度（大部分小学生身高1.2～1.6m）的风速不大于0.5m/s，说明通风不影响舒适性。

2.通风动力与路径对房间通风量的影响（工况A1～A8）

通风辅助模式不同，教学楼的总通风量会存在小的差异，这种情况下比较教室通风量是有难度的，因此，选择通过教学楼房间进风率比较不同模式下教室进风能力。教学楼房间进风率是教学楼内所有房间的总通风量与教学楼的总通风量之间的比值，教学楼房间进风率越高，说明在一定通风量的条件下房间的换气能力越强。

比较送风辅助模式和排风辅助模式下8种通风路径工况的教室进风率（图5-11），可以看出，在相同通风路径条件下，两种通风辅助模式对教室进风率影响非常小，变化比例在0～2.64%之间。

相同通风辅助模式下的不同通风路径对教室进风率的影响差异较大。单进大于双进方式，相同进风方式则单排大于双排，呈现出单进单排＞单进双排＞双进单排＞双进双排的排列顺序，每个递进关系相差5%左右。进风口和排风口都是越少越有利于房间与走廊的换气；反之，容易降低房间通风量。

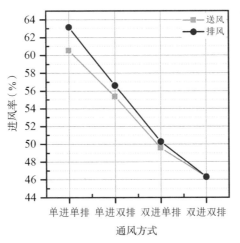

图5-11 通风方式对房间进风率的影响

表5-7显示了不同通风路径和辅助动力方式下教学楼各层房间的总通风量。结果表明，辅助动力方式对各层的房间通风量影响也非常小，单进单排或者单进双排的通风路径条件下，不同辅助动力方式下的同一层房间总通风量几乎相同。双进单排或者双进双排的通风路径条件下，二层和三层略有差异，其他层基本一样。

不同通风路径和辅助动力下各层房间总通风量 表5-7

通风路径和动力		一层房间通风量（m³/h）	二层房间通风量（m³/h）	三层房间通风量（m³/h）	四层房间通风量（m³/h）
单进单排	送风辅助	2601.95	2435.12	2640.00	2762.93
	排风辅助	2601.95	2435.12	2631.22	2748.29
单进双排	送风辅助	2575.61	2394.15	2426.34	2158.24
	排风辅助	2587.32	2391.22	2408.78	2106.15
双进单排	送风辅助	1870.24	1873.17	2104.39	2701.46
	排风辅助	1887.80	2072.20	2162.93	2692.68
双进双排	送风辅助	1761.95	1805.85	1963.90	2455.61
	排风辅助	1770.73	2034.15	2054.63	2373.66

相同通风路径下各层房间通风量有一定差异，单进单排路径下，教学楼二层房间通风量最小，四层房间通风量最大，其他两层房间通风量基本一致，与平均值持平。单进双排路径下，二、三层房间通风量与平均值持平，而一层房间通风量大，四层房间通风量小。单进（单排、双排）条件下，各层通风量相差不大，最高和最低进风率分别为26.96%和22.19%，与平均占比相差不大。双进单排和双进双排路径下，各层教室通风量均呈现随楼层增高而加大的规律，一层通风量最低，占总通风量的21.41%～22.06%，最高是四层房间的总通风量，占总通风量的28.83%～31.60%。

经分析发现，通风辅助动力方式对房间通风量的影响较小，通风路径方式对每层不同位置房间的通风量影响较大。单进（单排或双排）方式均呈现出从进风口一侧到排风口一侧，房间的通风量逐渐减小。而双进（单排或双排）方式均呈现出从进风口一侧到走廊中间，房间的通风量逐渐减小。可以看出，房间的通风量主要受到房间与进风口距离远近的影响。

3.进风温度对空间通风性能的影响（工况A1/A9/A10）

根据前面的研究结果，选取最优工况送风模式下单进单排通风方式（A1），将原进风温度14℃分别设定为10℃（A9）和12℃（A10）进行模拟，分析3种进风温度对走廊和教室温度舒适性、教室通风量的影响。

3种进风温度工况下走廊空间的温度云图见表5-8。可以看出，3种工况的共同特点是由于送风温度低，教室换出的空气温度高，走廊空间出现明显的温度分层，冷空气在底部，热空气在上部，走廊空间中部是冷热空气混合区，而且随着与进风口距离增加，与靠近走廊中部空间空气混合程度加大，底部空气温度也逐渐升高。在靠近走廊尽端时，由于冷空气直行受阻向上，这一区域低温空气增加。

根据换气界面进风口中心高度和学生身高，选取3种进风温度下的走廊空间距地高度分别为0.4～0.6m、0.9～1.2m和1.4～1.6m，其温度数据统计结果见图5-12。相同工况下各层走廊相同高度的平均温度值比较接近，变化规律都是随着距地高度增加而上升，三种工况在走廊0.4～0.6m高度的温度

走廊竖向空间温度分布云图 表5-8

工况	温度云图
A9	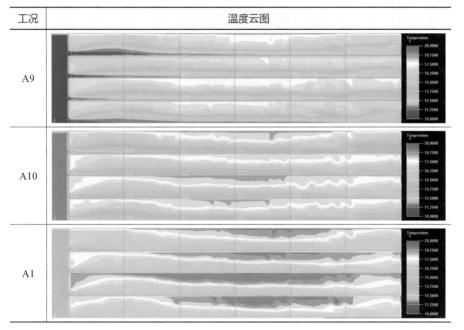
A10	
A1	

平均值分别为12.87℃（A9）、14.36℃（A10）和15.90℃（A1），比进风温度高出约1.9～2.87℃，说明新风在走廊底部流动与热空气混合较少，有利于保证空气质量和形成换气温度差。3种工况在走廊0.9～1.2m/1.4～1.6m高度的温度平均值分别为14.00℃/15.97℃（A9）、15.23℃/17.04℃（A10）和16.51℃/18.03℃（A1），与0.4～0.6m高度的温度平均值相比较，最高形成3℃温差。

走廊设计温度为16℃，从图5-12可以看出，在14℃进风情况下，走廊的平均温度17.00℃，保证走廊在距离地面1.1m和1.5m左右高度的温度值达到16℃以上；在12℃进风情况下，尽管走廊的平均温度16.17℃，1.4～1.6m高度达到17.04℃，但0.9～1.2m高度的温度为15.23℃；进风温度10℃时，走廊的平均温度为14.72℃，各高度平均温度均未达到16℃。

根据教室内进风中心高度、学生书桌、学生坐姿和教师站立高度，分别

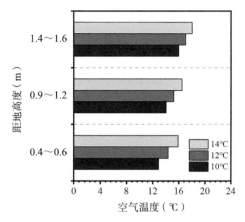

图5-12　走廊温度分布

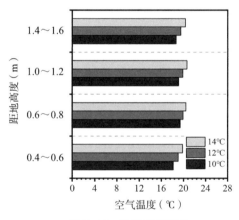

图5-13　教室温度分布

统计3种进风温度下的教室空间距地高度分别为0.5m、0.7m、1.1m和1.6m
时的温度数据，统计结果见图5-13。在距地0.5m高度的教室平均温度分别
为18.17℃（A9）、19.03℃（A10）和19.83℃（A1），在距地0.7m、1.1m和
1.6m高度的同种工况下教室平均温度相差不大，分别是19.41℃、19.14℃
和18.43℃（A9），19.94℃、19.90℃和19.52℃（A10），20.45℃、20.64℃和
20.16℃（A1）。教室在0.5～1.6m各高度温度平均值均不低于18℃的设计要
求，在0.7～1.6m高度的教室温度基本满足学生的舒适区间。

教室内的空气温度高低与通风温度和通风量直接相关。从不同距地高度的教室平均温度可以看出，3种进风温度工况下教室空间的温度均呈现出一定程度的分层现象。当进风温度为10℃时，学生坐姿状态下手部到头部0.5～1.1m之间的最大温差为1.24℃；当进风温度为12℃时，最大温差为0.92℃；当进风温度为14℃时，最大温差为0.82℃。3种进风温度工况下在教师站姿手部到头部0.7～1.1m之间的最大温差只有0.73℃，这种温度差异不会给人带来不舒适感。

图5-14显示不同进风温度下各层教室通风量的分布情况。由图可见，不同温度下各层教室平均通风量的大小变化规律基本保持一致，进风温度的高低对各层教室通风量有较大影响，随着进风温度降低，教学楼内各层教室平均通风量显著提高。相对进风温度14℃的教室平均通风量237.27m³/h，进风温度为12℃时的教室平均通风量278.74m³/h，提升了17.48%；进风温度为10℃时的教室平均通风量316.90m³/h，提升了33.56%。

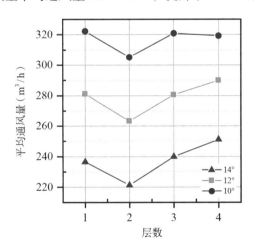

图5-14 通风温度对教室平均通风量的影响

根据模拟通风通道模式对空气气流组织和教室进风效果的影响结果分析，得到以下结论：送风和排风辅助模式对教学楼通风通道空间气流组织、房间通风量的影响基本一致，送风辅助方式下教学楼形成正压有利于防止冷风渗入。比较4种通风路径，单进单排和双进单排对两种辅助动力的适应性较强，单进单排在送风辅助模式下的教室进风效果最好，各层房间进风均匀度也较好；对比14℃、12℃和10℃3种进风温度，进风的温度越低越有利于房间与走廊之间换气，温度高低对各层教室通风量的变化趋势几乎没影响，3种进风温度下均能保持教室内温度舒适性，只有14℃进风温度下满足走廊人行高度16℃的设计要求。

　　根据以上分析，选择通风效果较好的送风辅助模式、单进单排通风路径、进风温度为14℃等作为模拟基础条件，其他边界和假设条件不变，进行空间形式和换气开口对通风性能影响的模拟实验。

5.3.2 空间形式对空间通风性能的影响分析

1.水平空间变化对房间通风量的影响（工况B1～B12）

　　图5-15对比了在两种竖向空间下6种开敞空间变化对教室平均通风量的影响。结果显示，相对于无房间开敞的工况B1/B7，靠近进风口处设开敞空间的工况B4/B10对教室平均通风量几乎没有影响；工况B3/B9和工况B5/B11出现了教室通风量小幅升高的情况，说明在通风路径中间设置开敞

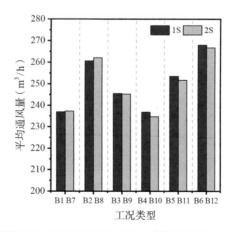

图5-15　不同水平开敞空间下的教室平均通风量

空间对教室通风有利，而且开敞空间越大，教室通风量越大，分别提升了3.57%/3.34%和6.97%/5.33%；工况B2/B8和B6/B12促进教室通风更明显，分别提升了10.00%/10.43%和13.10%/12.41%，提升幅度较大。

在教学楼的中部、尽端或间歇开敞一定空间有利于教室通风的主要原因，在于气流在运动过程中，经过通风道宽窄变化产生了文丘里效应，风速的变化会导致压力的变化，有助于房间换气。特别是在通风通道的末端开敞，可以提升进风口远端教室的通风量，有助于缓解尽端教室平均通风量低的问题。

图5-16对比了各种水平空间开敞情况对不同层的教室平均通风量的变化趋势影响。可以看出，相同竖向空间条件下，不同水平开敞空间工况条件下的各层教室通风量不同，除了工况B5三层教室通风量显著提高外，其他工况房间通风量的变化趋势几乎保持一致，说明在相同竖向空间条件下，多种水平开敞空间形式变化基本不影响各层通风量的变化趋势。

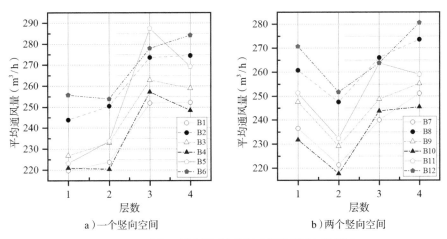

a）一个竖向空间　　　　　　　　b）两个竖向空间

图5-16　水平开敞空间对各层教室平均通风量的影响

2.竖向空间变化对房间进风的影响（工况B1/B5～B7/B11～B15）

图5-17对比了3种水平空间开敞条件下不同竖向空间条件对教室平均通风量的影响。

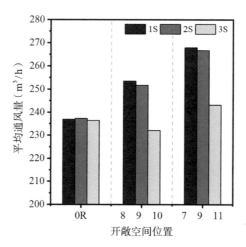

图5-17　设置不同竖向空间数量条件下的教室平均通风量

可以看出，当设置一个竖向空间（1S）和两个竖向空间（2S）时，教室的通风量受竖向空间的影响较小，主要是受水平开敞空间变化的影响。当增加至3个竖向空间（3S）时，教室的通风量基本一致。说明在一个或两个竖向空间时，教室的通风量主要受水平空间变化影响。当达到3个竖向空间时，无水平开敞空间变化的情况下，与1S和2S基本相同。在有水平开敞空间变化的情况下（8、9、10号房间或7、9、11号房间开敞），教室通风量与无水平开敞空间的大小接近，明显小于1S和2S条件。

对比不同竖向空间数量下的教学楼各层教室平均通风量（图5-18），可以看出，在不同水平开敞空间条件下，1S和2S时的各层教室平均通风量的变化规律基本一致，3S条件下变化较大，无明显规律。在教学楼相同水平空间条件下，不同竖向空间对各层的影响均不相同，在无开敞房间时，2S会提高一层教室通风量，而3S则会使二层教室通风量明显增加，其他变化均比较接近。其他两种水平开敞空间状态下，3S条件下各层教室平均通风量与1S、2S之间也未发现明显规律。

3. 通风通道空间宽度对房间进风的影响（工况B1/B19/B20）

图5-19比较了走廊在2.4m、3.0m、3.6m宽度条件下各层教室的通风

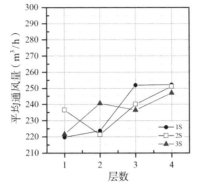

a）无开敞房间

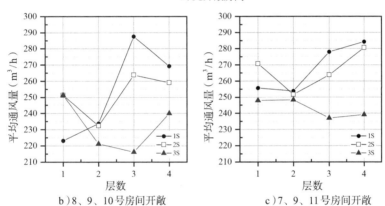

b）8、9、10号房间开敞　　　　　c）7、9、11号房间开敞

图5-18　不同竖向空间下的各层教室平均通风量

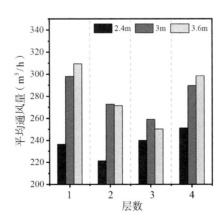

图5-19　不同走廊宽度条件下各层教室的平均通风量

量，可以看出，3种走廊宽度条件下，各层教室通风量的变化趋势基本一致。相对于2.4m宽的走廊，3.0m和3.6m宽走廊均能提高各层教室的通风量。一、二层教室进风总量分别增加了17.94%和19.05%。对比3.0m和3.6m宽走廊，对教室通风量影响的差异性不大。

通过对不同空间形式下教学楼空间通风性能模拟分析发现，水平空间形式的变化对通风通道气流组织的影响都较小，增加走廊中部、尽端和间歇开敞空间有利于促进教室换气。竖向空间对教室通风量影响较小，当竖向空间增多（达到3个）时会抑制水平开敞空间变化对教室换气的促进作用。相对于2.4m宽的走廊，适当增加走廊宽度有利于教室通风，但当走廊达到一定宽度后教室通风量变化不显著。

5.3.3 换气界面开口方式对空间通风性能的影响分析

5.3.3.1 换气界面开口方式对教室通风量的影响分析

1. 开口位置的影响分析（工况C1～C4）

比较C1～C4工况的教室平均通风量可以发现（表5-9），工况C1和C4明显大于工况C2和C3，工况C4的教室平均通风量分别比工况C2和C3提高了21.45%和37.85%。这表明相同通风开口面积下对角开口通风明显优于对称开口通风方式；C1和C4开口方式相同，互换上下开口位置后，工况C4的教室平均通风量明显高于C1，通风量增加约11.69%。

不同开口位置条件下的教室通风量　　　　　　　　表5-9

工况	教室平均通风量（m³/h）	教室平均通风量增加比例（%）*	常用教室平均通风量（m³/h）± 标准差			
			1层	2层	3层	4层
C1	237.27 ± 69.36	23.42	263.90 ± 43.82	250.73 ± 41.95	250.73 ± 50.24	267.80 ± 34.52
C2	218.21 ± 61.93	13.51	210.24 ± 57.52	205.37 ± 64.98	211.22 ± 66.16	217.07 ± 62.40

工况	教室平均通风量 （m³/h）	教室平均通风量 增加比例（%）*	常用教室平均通风量（m³/h）± 标准差			
			1层	2层	3层	4层
C3	192.24 ± 48.15	0	186.83 ± 55.48	189.76 ± 57.04	187.32 ± 53.97	218.05 ± 36.07
C4	265.01 ± 67.42	37.85%	263.41 ± 72.64	273.17 ± 67.65	260.49 ± 72.00	289.27 ± 60.90

注：*教室平均通风量增加比例是相对最差工况C3的教室平均通风量的增加比例

为对比4种工况的气流组织方式，选取各种工况在同一位置的教室，选择原则是与整栋楼平均通风量相近的房间，通过通风量对比选择教学楼二层4号教室进行比较。分别截取C1～C3三种工况在二层4号教室的空气流动矢量图（表5-10）。

不同换气开口位置下的教室粒子轨迹图　　　　　表5-10

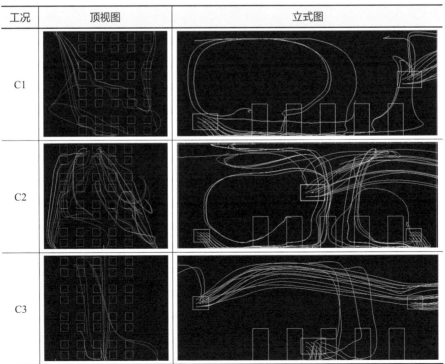

工况	顶视图	立式图
C1		
C2		
C3		

工况C1和C4是相同开口位置，室内空气流动路径基本相同。对比工况C1、C2和C3三种开口方式，当空气从进气口进入室内后，由于温度低而下沉，均向教室内部流动，但流动路径不同。C1工况下空气进入教室后在教室中部发散流动，并逐渐上升，气流主要上升区域在教室外墙的中后部，几乎覆盖教室全部学生座位，最后由排气口排出。C2工况下空气从前后下部开口进入教室，前部的气流发散向教室中部流动，后部的气流沿教室后面墙壁逐渐发散向教室中部流动，两股气流大部分在教室外墙中部偏后的位置相遇并上升，空气流动基本覆盖教室中学生座位。C3工况下空气从教室中间的底部开口进入后，直接向教室外墙方向直行，空气到达外墙后上升，空气流动线路覆盖学生座位区域较小。根据表5-10中的粒子轨迹图可以看出，C1工况下整个空气流动过程中没有相互干扰，气流比较顺畅，形成底部单侧进、上部单侧排的流动路径。C2工况下气流流动也比较顺畅，两侧进风在中部汇集会消耗流动动力，整体连贯性会比工况C1稍弱。C3工况下空气从中间进入后直行，由于进风口直接面对学生，会受到教室学生的阻碍而减缓速度，气流到达墙壁一侧，大部分空气撞墙后上升，减少了势能。C3工况下气流遇到的阻碍比工况C1和C2更大。

2.开口大小的影响分析（工况C1/C7/C10和C2/C13/C14）

比较开口大小对教室平均通风量和空气龄的影响程度（表5-11、表5-12），

不同开口面积条件下的教室通风量　　　　　　　表5-11

工况	教室平均通风量（m³）± 标准差	增加比例（%）	常用教室平均通风量（m³）± 标准差			
			1层	2层	3层	4层
C1	237.27 ± 69.36	0	263.90 ± 43.82	250.73 ± 41.95	250.73 ± 50.24	267.80 ± 34.52
C7	286.70 ± 80.90	20.83	310.73 ± 64.53	307.80 ± 63.17	291.22 ± 60.80	308.78 ± 50.99
C10	315.57 ± 93.81	33.00	352.68 ± 78.46	326.34 ± 75.09	321.95 ± 80.67	337.07 ± 80.50
C2	218.21 ± 61.93	0	210.24 ± 57.52	205.37 ± 64.98	211.22 ± 66.16	217.07 ± 62.40
C13	240.93 ± 73.92	10.41	246.34 ± 62.10	236.10 ± 74.17	240.98 ± 72.04	304.88 ± 62.07
C14	292.56 ± 87.26	34.07	271.76 ± 82.29	270.24 ± 91.58	279.02 ± 90.63	309.76 ± 83.41

不同开口面积对教室气流组织的影响 表5-12

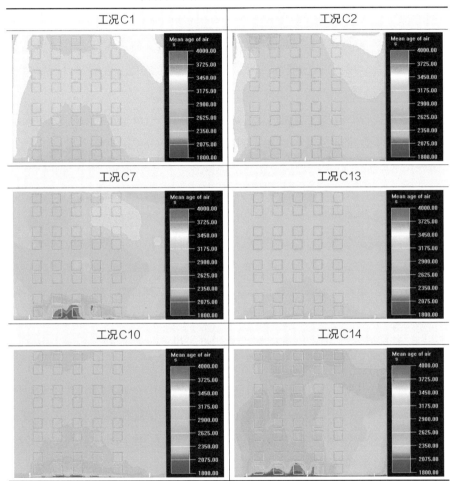

模拟结果可知教室平均通风量随着开口面积的增大而增大。

其中工况C1、C7和C10为对角布置开口，C7、C10的开口面积分别比C1增加0.1m²和0.2m²，而工况C7教室平均通风量增加比例为20.83%，工况C10教室平均通风量增加比例为33.00%；工况C2、C13和C14为对称中排，C13和C14的开口面积比C2增加0.1m²和0.2m²，教室平均通风量分别比工况C2增加了10.41%和34.07%。这表明，教室平均通风量随着开口面

积的增大而增加，但开口面积增加比例和教室平均通风量增加比例之间不是
线性关系，进气量增大的幅度还受到开口位置的影响。

各层教室空气龄的变化趋势基本一致。对比6种工况下二层4号教室
的空气龄（表5-12），截面高度距地面1.1m。可以看出，随着开口面积增大
后，室内空气龄明显改善，而且均匀度也显著提高。

通过对比各层教室平均通风量可以看出，相同的开口位置条件下开口面积
增大时，各层教室通风量的增加比例比较接近，部分楼层存在差异，工况C2
增加开口面积后，四层的通风量相对增加较多，未发现原因。未发现相同开口
位置、不同开口面积的各层教室平均通风量和标准差在变化趋势上的规律性。

3.开口高度的影响分析（工况C1/C5～C12/C14～C16）

表5-13显示了在对角布置和对称中排两种开口方式条件下，4种开口
大小在3种开口高度时教室通风量的统计结果。可以看出，在相同开口对角
布置方式下，相对于相同开口面积的工况C1、C7和C10，排风口距地高度
增加0.5m，教室通风量分别增加了18.92%（C5）、18.68%（C8）和23.76%
（C11），各层教室平均通风量增加比例接近。排风口距地高度增加1.0m时，
教室通风量分别增加了48.98%（C6）、36.17%（C9），40.35%（C12）。在对
称中排布置方式下，相比工况C14，排风口升高0.5m时（C15），教室通风
量增加19.03%；当升高1.0m时（C16），教室通风量增加幅度较大，增加了
49.75%。未发现相同开口位置、相同开口面积条件下不同开口高度的各层
教室平均通风量和标准差在变化趋势上的规律性。

不同开口高度条件下的教室通风量 表5-13

工况	教室总通风量 （m³/h）	教室平均通风量 （m³/h）± 标准差	常用教室平均通风量（m³/h）± 标准差			
			1层	2层	3层	4层
C1	10440.00	237.27 ± 69.36	263.90 ± 43.82	250.73 ± 41.95	250.73 ± 50.24	267.80 ± 34.52
C5	12415.61	282.17 ± 69.87	296.59 ± 49.52	300.49 ± 50.75	289.76 ± 44.81	312.68 ± 40.87

续表

工况	教室总通风量（m³/h）	教室平均通风量（m³/h）± 标准差	常用教室平均通风量（m³/h）± 标准差			
			1层	2层	3层	4层
C6	15553.17	353.48 ± 50.29	354.15 ± 60.21	360.49 ± 52.83	344.39 ± 43.08	357.56 ± 42.99
C7	12614.63	286.70 ± 80.90	310.73 ± 64.53	307.80 ± 63.17	291.22 ± 60.80	308.78 ± 50.99
C8	14970.73	340.24 ± 78.45	367.80 ± 68.80	367.32 ± 61.25	345.85 ± 55.58	357.07 ± 58.27
C9	17177.56	390.40 ± 65.81	393.66 ± 81.34	383.41 ± 66.25	367.80 ± 56.14	376.10 ± 58.12
C10	13884.88	315.57 ± 93.81	352.68 ± 78.46	326.34 ± 75.09	321.95 ± 80.67	337.07 ± 80.50
C11	17183.41	390.53 ± 83.93	417.56 ± 86.60	400.98 ± 79.36	379.51 ± 67.12	392.68 ± 69.20
C12	19486.83	442.88 ± 80.03	464.39 ± 99.06	435.61 ± 84.09	415.61 ± 70.05	448.29 ± 75.54
C14	12872.49	292.56 ± 87.26	271.76 ± 82.29	270.24 ± 91.58	279.02 ± 90.63	309.76 ± 83.41
C15	15321.95	348.23 ± 104.85	333.17 ± 104.44	321.46 ± 105.63	319.02 ± 102.80	353.17 ± 100.95
C16	19276.10	438.09 ± 82.73	464.39 ± 88.44	436.10 ± 77.44	430.24 ± 73.70	423.41 ± 84.03

综上可以看出，相同开口位置、相同开口面积条件下，排风口升高0.5m时房间通风量最大可增加23.76%，排风口升高1.0m时房间通风量最大可增加49.75%。说明随着排风口高度的增加，房间通风量有了显著提高。

5.3.3.2 换气界面开口形式对教室CO_2浓度分布的影响分析

模拟中CO_2浓度的设置初始值为380ppm，根据模拟结果发现第10分钟教室CO_2浓度主要集中在675～775ppm，与现场测量中预备上课时间CO_2初始浓度相近，因此，选择初始浓度在380ppm（0～40分钟）和675～775ppm

（10～50分钟）两个时段的模拟数据，分析开口形式对CO_2浓度的影响。

CO_2初始浓度为380ppm和675～775ppm条件下各种工况教室CO_2平均浓度值与标准差和CO_2最大值的平均值与标准差见图5-20和图5-21。可以看出，初始浓度为380ppm时所有工况的教室上课时间的CO_2平均值变化范围在859～983ppm，均小于1000ppm，均符合一级空气质量标准。初始浓度为675～775ppm时所有工况的教室上课时间的CO_2平均值变化范围在1039～1304ppm，小于1500ppm，符合二级空气质量标准。

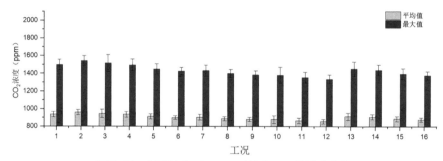

图5-20　初始浓度380ppm时教室CO_2的浓度分布

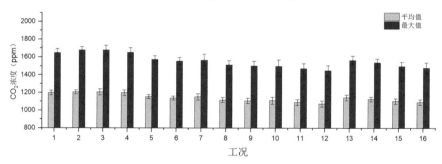

图5-21　初始浓度675～775ppm时教室CO_2的浓度分布

美国ASHRAE标准规定教室CO_2浓度最大值不超过室外CO_2浓度值+700ppm，我国《中小学校设计规范》GB 50099—2011规定教室内CO_2浓度最大值不超过1500ppm。可以看出，初始浓度为380ppm时有14种工况教室最高值的平均值低于1500ppm，而初始浓度为675～775ppm时只有6种工况教室最高值的平均值低于1500ppm。有一点需要指出，由于教室最大值的平均值是每个工况中所有教室最大值的平均数，也就是说在这些最高值平均值低于1500ppm的工况中，部分房间的最高CO_2浓度超过了1500ppm。

统计初始浓度380ppm条件下教室中不同CO_2浓度范围的占比情况（图5-22）。所有工况中的教室第40分钟时CO_2浓度最高值变化范围在1202～1741ppm。其中有5种工况的所有教室最大值均小于1500ppm，满足中小学教室最高CO_2浓度值要求标准。其他工况中，有5种工况的教室CO_2浓度超过标准值占比小于5%（1575ppm），4种工况的教室CO_2浓度值超过标准值占比小于10%（1650ppm），剩下两种工况的教室CO_2浓度值超过标准值占比均大于10%。

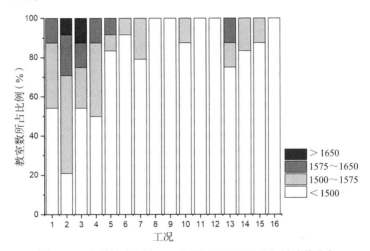

图5-22　初始浓度380ppm条件下不同工况CO_2浓度值分布

统计初始浓度675～775ppm条件下教室中不同CO_2浓度范围的占比情况（图5-23）。所有工况中的教室第40分钟时CO_2浓度最大值变化范围在1314～1804ppm，没有工况能够实现所有教室CO_2浓度最高值均小于1500ppm。分别有2种和8种工况，教室内CO_2浓度超过标准值占比小于5%和10%，其他6种工况的教室CO_2浓度超过标准值占比均大于10%。可以看出，工况C10～C12、C15和C16均需要利用前期研究的促进通风成果进行调节，以满足规范要求。

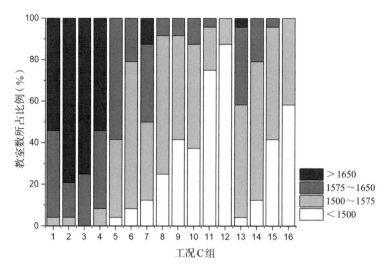

图5-23　初始浓度675～775ppm条件下不同工况CO_2浓度值分布

综合分析各工况换气界面开口形式与教室CO_2浓度值发现，在初始浓度为675～775ppm条件下，工况C9～C12和C15、C16共6种工况降低CO_2浓度比较有效，同时还具有通风量大、通风效率高、CO_2浓度分布均匀等优点，同时满足CO_2初始浓度低于675～775ppm的条件。表5-14为工况C9～C12教学楼中CO_2浓度最不利的三层和最好的一层、工况C15、C16教学楼中CO_2浓度最不利的二层和最好的一层在1.1m高的CO_2浓度分布云图。可以看出，在换气口对角布置方式下（工况C9～C12），CO_2容易在教室后部和教室两侧靠墙位置积聚。在换气口对称中排方式下（C15/C16），CO_2浓度容易在教室两侧靠墙位置积聚。除极少部位由于空气龄较长外，两种方式使得一层教室中的CO_2浓度均比较理想，其他楼层较差，主要原因是除一层外，当新风进入其他楼层后，少数教室排出热空气与新风混合，升高了走廊新风的CO_2浓度。

以上6种工况可以通过优化进风温度、空间形式以及适当调整开口大小等增加教室通风量，提高教室空气质量，达到一层教室的理想状态。

不同工况下教室1.1m高度CO₂浓度分布云图　　　表5-14

CO₂浓度最差	CO₂浓度最好
工况C9 三层 1.1m	工况C9 一层 1.1m
工况C10 三层 1.1m	工况C10 一层 1.1m
工况C11 三层 1.1m	工况C11 一层 1.1m
工况C12 三层 1.1m	工况C12 一层 1.1m
工况C15 三层 1.1m	工况C15 一层 1.1m
工况C16 三层 1.1m	工况C16 一层 1.1m

5.4

教室通风量与室内空气环境相关性分析

5.4.1 教室通风量与 CO_2 浓度回归分析

　　统计模拟结果发现，为控制教学楼整体进风量，所有工况条件下的教室通风量稀释 CO_2 浓度能力均小于 CO_2 浓度的增加能力，因此，上课期间 CO_2 浓度始终保持上升趋势，第40分钟下课时的 CO_2 浓度就是教室最高 CO_2 浓度值。比较不同教室通风量对应的教室最高 CO_2 浓度值分布结果见图5-24。

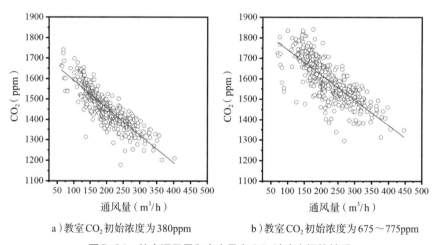

a）教室 CO_2 初始浓度为380ppm　　　　b）教室 CO_2 初始浓度为675～775ppm

图5-24　教室通风量和室内最高 CO_2 浓度之间的关系

　　通过对以上数据点拟合可以得到 CO_2 初始浓度分别为380ppm、675～775ppm时教室通风量和第40分钟时室内 CO_2 浓度的线性回归方程分别为：

初始浓度为380ppm时，

$$Y = -1.34236X + 1724.8903，（R = -0.8609）\tag{5-4}$$

初始浓度在675～775ppm时，

$$Y = -1.23158X + 1864.3969，（R = -0.7791）\tag{5-5}$$

通过公式（5-4）和（5-5）计算教室最高CO_2浓度为1500ppm时的最小通风量，当CO_2初始浓度为380ppm时上课时期通风量不低于149.33m^3/h，CO_2初始浓度为675～775ppm时上课时期通风量不低于271.14m^3/h。

根据统计多种换气界面开口条件的模拟数据得到教室通风量和室内平均CO_2浓度的关系（图5-25）。

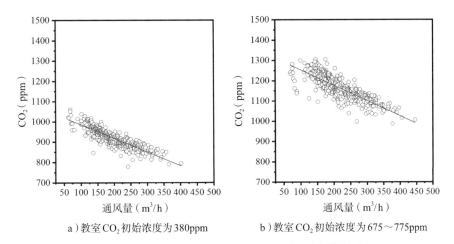

a）教室CO_2初始浓度为380ppm   b）教室CO_2初始浓度为675～775ppm

图5-25　教室通风量和室内平均CO_2浓度之间的关系

通过对以上数据进行拟合，可以得到CO_2初始浓度在380ppm和675～775ppm时教室通风量和上课时期室内平均CO_2浓度的线性回归方程分别为：

初始浓度为380ppm时，

$$Y=-0.67118X+1052.44519,（R=-0.8609）\tag{5-6}$$

初始浓度在675～775ppm时，

$$Y=-0.75796X+1329.13358,（R=-0.8227）\tag{5-7}$$

通过公式（5-6）和（5-7）计算当CO_2初始浓度为380ppm时，满足一级空气质量标准的通风量仅需要38.03m^3/h；当CO_2初始浓度为675～775ppm时，满足一级空气质量标准的通风量需要438.64m^3/h。

综合以上分析，在教室CO_2初始浓度为380ppm和675～775ppm的条件下，在上课40分钟时间内，保证满足室内空气质量一级浓度指标，且CO_2

浓度最大值不高于1500ppm时，上课教室平均通风量分别不小于149.33m³/h和438.64m³/h；满足室内空气质量二级指标，且CO_2浓度最大值不高于1500ppm时，平均通风量分别为149.33m³/h和271.14m³/h。

理想的教室换气效果就是在学生的呼吸范围内以最小通风量达到最优的CO_2浓度。分析回归方程（5-4）（5-5）和（5-6）（5-7）发现，以拟合线作为分界线，相同风量下，位于拟合线上部的CO_2浓度值要高于拟合值，偏离越大通风效果越差；反之，相同风量下，位于拟合线下部的CO_2浓度值要低于拟合值，说明拟合线下部数据的通风工况减少CO_2浓度效率高，偏离越大通风效果越好。统计结果见表5-15和表5-16，可以看出，在初始浓度为380ppm条件下，上课时期CO_2平均浓度和最高值向上或向下偏离分布的比例完全一致，偏离值有一定差异。其中，C3、C7～C15向下偏离分布的比例均超过50%。

在初始浓度为675～775ppm条件下，上课时期CO_2平均浓度和最高值向上或向下偏离分布的比例差异较大。对比上课时期室内CO_2平均浓度值回归方程，C8～C15向下偏离分布的比例均超过50%，其中C13均超过100%。

结合通风量和CO_2达标情况综合分析，在两种初始浓度下，两个空气质量限制指标的约束下，C9～C12和C15都可以作为理想的通风开口方式。

5.4.2 教室通风量与室内温度回归分析

根据多种换气界面开口条件模拟，得到不同通风量下教室上课结束时（第40分钟）的温度分布（图5-26）。

可以看出在送风温度14℃、初始温度20℃时，教室温度受通风量的影响不大，温度变化范围主要在19.5～21.5℃舒适区间。教室温度在上课结束时大部分处于上升状态，只有少部分风量较大时处于下降状态。

通过对以上数据拟合可以得到教室通风量和第40分钟时室内温度的线

表5-15

CO₂初始浓度380ppm条件下的不同工况换气效果分析

	上课时期内CO₂平均值				上课时期内CO₂最高值			
	向上偏离比例(%)	偏离值±标准差(ppm)	向下偏离比例(%)	偏离值±标准差(ppm)	向上偏离比例(%)	偏离值±标准差(ppm)	向下偏离比例(%)	偏离值±标准差(ppm)
C1	75.00	21.77±13.64	25.00	16.20±6.05	75.00	43.54±27.27	25.00	32.40±12.11
C2	91.67	19.06±13.30	8.33	3.39±2.88	91.67	38.12±26.59	8.33	6.78±5.76
C3	33.33	35.89±25.80	66.67	20.66±8.60	33.33	71.78±51.59	66.67	41.32±17.20
C4	83.33	23.02±13.28	16.67	22.84±13.57	83.33	46.04±26.56	16.67	45.68±27.15
C5	54.17	14.94±12.92	45.83	12.06±11.22	54.17	29.89±25.83	45.83	24.11±22.44
C6	83.33	15.68±13.27	16.67	17.55±12.70	83.33	31.37±26.54	16.67	35.09±25.40
C7	45.83	15.76±8.76	54.17	20.81±13.05	45.83	31.53±17.52	54.17	41.62±26.11
C8	50.00	12.35±6.82	50.00	13.62±9.96	50.00	24.70±13.65	50.00	27.24±19.91
C9	50.00	15.67±9.60	50.00	18.65±14.64	50.00	31.35±19.19	50.00	37.30±29.27
C10	33.33	15.28±8.62	66.67	36.21±32.23	33.33	30.56±17.23	66.67	72.42±64.45
C11	25.00	17.34±10.59	75.00	18.40±13.95	25.00	34.69±21.18	75.00	36.79±27.90
C12	50.00	14.33±8.30	50.00	21.37±17.76	50.00	28.67±16.60	50.00	42.74±35.53
C13	25.00	11.28±9.49	75.00	20.04±11.55	25.00	22.56±18.97	75.00	40.08±23.10
C14	25.00	5.31±4.31	75.00	13.49±9.19	25.00	10.62±8.62	75.00	26.97±18.39
C15	45.83	3.42±3.14	54.17	25.91±19.90	45.83	6.84±6.28	54.17	51.81±39.80
C16	75.00	88.57±74.91	25.00	30.86±13.26	75.00	39.52±35.95	25.00	61.72±26.51

CO_2初始浓度675～775ppm条件下的不同工况换气效果分析　　表5-16

	上课时期室内CO_2平均值				上课时期室内CO_2最高值			
	向上偏离比例(%)	偏离值±标准差(ppm)	向下偏离比例(%)	偏离值±标准差(ppm)	向上偏离比例(%)	偏离值±标准差(ppm)	向下偏离比例(%)	偏离值±标准差(ppm)
C1	95.83	36.81±17.84	4.17	14.91±0.00	91.67	63.02±31.79	8.33	20.23±15.58
C2	87.50	28.59±14.30	12.50	17.02±6.86	87.50	63.83±26.79	12.50	19.57±13.72
C3	75.00	22.75±13.90	25.00	7.43±6.64	87.50	51.23±28.75	12.50	7.82±3.46
C4	95.83	40.36±22.18	4.17	2.21±0.00	91.67	73.90±39.10	8.33	4.97±3.38
C5	70.83	14.94±8.46	29.17	12.86±8.36	58.33	29.73±15.16	41.67	24.61±19.41
C6	83.33	21.33±11.88	16.67	27.17±12.93	79.17	41.00±30.24	20.83	54.42±31.95
C7	66.67	21.75±17.82	33.33	24.82±16.57	58.33	39.74±32.74	41.67	47.96±33.33
C8	37.50	16.00±10.23	62.50	17.86±19.81	33.33	35.37±20.39	66.67	39.99±36.51
C9	50.00	14.88±11.68	50.00	25.92±25.43	45.83	33.62±29.45	54.17	55.32±50.22
C10	33.33	5.18±4.13	66.67	36.39±31.00	25.00	10.96±8.28	75.00	65.03±57.58
C11	25.00	12.81±12.77	75.00	25.01±21.93	20.83	37.06±31.08	79.17	52.48±45.12
C12	37.50	11.81±10.18	62.50	29.78±27.22	33.33	32.70±22.25	66.67	60.09±57.42
C13	0	—	100.00	19.52±10.51	0	—	100.00	27.69±18.92
C14	0	—	100.00	27.30±25.98	16.67	9.79±5.74	83.33	49.95±48.90
C15	20.83	5.90±2.87	79.17	39.52±35.95	33.33	13.61±12.01	66.67	78.38±67.81
C16	66.67	29.03±24.18	33.33	27.15±12.42	62.50	58.05±48.37	37.50	55.83±21.87

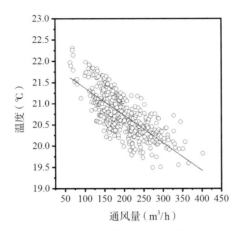

图5-26 教室平均通风量与第40分钟教室温度

性回归方程为：

$$Y=-0.0064X+22.0156,\ (R=-0.7459)\qquad(5-8)$$

从公式（5-8）可以看出，当进风温度为14℃时，每100m³通风量将使温度降低0.6℃，当送风量大约339.09m³/h时，教室温度可以维持在初始温度20℃，超过这一风量，温度开始下降；当通风量达到783.53m³/h时，教室在第40分钟时降到18℃。因此可以判断，在没有增加任何供热的条件下，以上通风方式的通风量均不会影响室内的热舒适，说明还可以适当降低供风温度，增加通风量，达到节能的目的。

本章小结

本章根据教学楼空间通风方式的主要影响因素，设计通风通道模式、空间形式和换气界面开口形式3组工况，模拟分析教学楼空间通风方式下的气流组织、房间的通气量和CO_2浓度分布，并根据模拟结果对通风量与CO_2浓度和温度进行回归分析。具体结论主要有以下几个方面：

（1）送风或排风辅助动力对空间气流组织、教室通风量的影响基本一致。通风路径影响教学楼空间通风的气流组织方式和教室通风量，单侧进风方式下，空气在走廊的流动速度和房间通风量方面好于双侧进风。教室与教学楼进风口的距离影响其通风量，距离越远通风量越低。

（2）进风温度对教学楼内的气流组织方式影响很小，温度越低越有利于增强热压，促进教室与走廊换气。进风温度在10℃、12℃、14℃时均可以保证教室温度舒适性和规范指标，距地0.7～1.6m的温度范围分别是18.2～19.71℃、19.21～20.41℃和19.88～21.07℃，最大温度差不大于1.5℃。走廊的平均温度分别是14.72℃、16.17℃和17.00℃，模拟的3种送风温度中只有14℃进风满足走廊0.9m以上温度16℃以上的设计要求。

（3）通风通道的不同空间形式对教学楼空间通风性能影响不同。相比教学楼内无开敞空间条件，在低于3个竖向开敞空间时，竖向空间对教室通风量影响很小，水平开敞空间的变化影响较大。水平开敞空间位置离进风口远、开敞面积大、采用间隔分布方式等条件下的教室通风量都明显增加，最高可增加13.10%。当竖向开敞空间为3个时，抑制水平开敞空间变化对房间通风量的影响，无论水平空间开敞变化如何，房间通风量与无房间开敞条件基本一致。

（4）走廊宽度3.0m、3.6m时教室通风量比2.4m时分别增加了17.94%和19.05%，表明适当增加走廊宽度对教室进风有很好的促进作用。

（5）换气界面开口形式变化对教学楼通风通道中的气流组织影响非常小，但对教室换气量和换气效率、教室内气流组织、CO_2浓度分布等产生较大的影响。对角布置和对称中排两种开口方式下教室内气流组织比较理想，通风量分别提高了23.42%和13.51%。而且，对角布置和对称中排的进风口处具有一定的缓冲空间，有利于提高学生热舒适性。

（6）不同开口面积和开口高度对教室通风量均有较大影响。在排风口距地1.5m处，开口面积从0.4m^2增加到0.5m^2、0.6m^2后，房间通风量分别增加了20.83%、33.00%（对角布置）和10.41%、34.07%（对称中排）；在开口面积为0.6m^2时，排风开口高度从距地1.5m增加到2.0m、2.5m后，房间通风量分别增加了23.76%、40.35%（对角布置）和19.03%、49.74%（对称中排）。比较室内CO_2浓度分布情况，教室换气开口面积不宜低于$0.5m^2$，面积越大越有利于增加换气量。排风口不宜低于$2.0m$，位置越高换气量越大，二者要组合适度，防止通风过量。

（7）分析教室通风量和室内CO_2浓度、室内温度的关系。CO_2初始浓度越低，保持教室空气质量所需的通风量越小。在教室CO_2初始浓度为380ppm和$675\sim775$ppm的条件下，在上课40分钟时间内，保证满足室内空气质量一级浓度指标，最大值不高于1500ppm时上课教室平均通风量分别不小于$149.33m^3/h$和$438.64m^3/h$；满足室内空气质量二级指标时，分别为$149.33m^3/h$和$271.14m^3/h$。当进风温度为14℃时，每$100m^3$通风量降低房间温度0.6℃。

（8）根据通风量和CO_2浓度回归分析换气效率，综合两种初始浓度下，两个空气质量限制指标的约束下，工况C9～C12和C15可以作为理想的通风开口方式。

第 6 章

教学楼空间与通风
一体化设计策略

针对严寒地区气候条件、中小学教学楼建筑特点、通风影响因素、模拟工况计算与分析结果以及社会经济状况等方面，制定教学楼空间通风的设计原则，构建教学楼空间与通风一体化设计流程，提出教学楼空间与通风一体化设计策略。设计策略具体包括与通风一体化的教学楼空间通风路径设计策略、教学楼空间形式设计策略、教学楼空间换气界面开口设计策略，从而保证教学楼空间通风方式在中小学教学楼建筑中的良好应用，为严寒地区中小学教学楼建筑与通风设计提供理论支持和设计指导。

6.1
教学楼空间通风的设计原则与流程

6.1.1 教学楼空间通风的设计原则

严寒地区采暖时期中小学教学楼面临严峻的室内空气质量问题，从社会呼吁、规范要求到学校应对行动都希望并要求改善教室空气环境。调研发现，无论是通风的主动技术还是被动技术都鲜见应用于严寒地区教学楼，一些学校采用的通风应对措施对教室空气质量的作用非常有限，还带来较大的热量损失问题。以上情况说明，对于广大严寒地区中小学教学楼来说，当前缺少一种有效的、与建筑协调一体化的适用的通风方式。因此，教学楼空间通风设计要满足有效性和适用性原则。教学楼空间通风的有效性是通风效果的体现，而适用性是可实施应用的保障。二者相对独立，又相辅相成，具体原则内容包括：

1.有效性原则

通风有效性就是保证通风方式能够满足建筑室内空气环境的使用需求。学校是人口密度大、停留时间长、换气量不足、室内空气质量不佳的典型代表。冬季常常是流感多发期，由于通风不足，教室内污浊空气无法稀释或排出，导致许多学校在冬季经常因为流感引发停课现象。因此，严寒地区中小学教学楼冬季通风的主要目的就是保证教室空气质量。

根据模拟分析结果，教学楼通风路径、空间形式和换气界面开口方式等均对教室通风量产生较大的影响。因此在教学楼空间通风方式下，为增强教学楼空间通风的有效性，在中小学教学楼设计过程中，应优化教学楼的空间布局，合理规划通风路径、空间形式、换气界面开口等，从而提高教室换气效率，创造良好室内空气环境。

2.适用性原则

通风的适用性是指教学楼空间通风方式具备正常运行的适用条件。教学楼空间通风方式的适用性受到外部环境、经济、建筑、辅助设施等多方面影响和制约，实现严寒地区中小学教学楼空间通风要满足以下几个方面条件：

第一，教学楼空间通风方式应该经济适用，尽量减少投资成本，节约能源。兼顾在新建和既有的教学楼中应用，在满足通风有效性的条件下采用与建筑空间一体化的设计手段，尽量利用教学楼建筑的空间和界面条件，尽可能减少对建筑的拆改，以达到提高教学楼使用寿命的目的。

第二，要利用教学楼的有利条件，克服不利条件。首先，教学楼空间通风方式是针对严寒地区气候条件影响下的建筑密闭性特点提出，控制教学楼的密闭性，能为教学楼空间通风提供空气流动的空间条件；其次，教学楼空间通风要保证室内热环境和控制通风量。由于进风温度低于教室设计温度，通风量的多少直接影响学生的热舒适和通风能耗。

第三，利用通风辅助方式保障教学楼空间通风的适用性。教学楼空间通风的辅助方式主要包括送风或排风辅助、预热和换热辅助、空气过滤等。除此之外，教学楼空间通风要符合可持续发展理念，尽可能采用自然通风原理和被动技术，在通风设计中优先选用被动技术及太阳能等可再生能源。

6.1.2 教学楼空间与通风一体化设计流程

严寒地区中小学教学楼空间通风设计流程是教学楼空间与通风一体化设计的过程。建筑空间和通风设计作为教学楼建筑设计的一部分，要从建筑整体设计去思考，把影响教学楼空间通风的相关空间因素设计融入建筑方案设计过程中，对建筑方案起到一定的前瞻性指导作用。严寒地区中小学教学楼空间与通风一体化设计流程，主要包括建筑通风背景条件分析、通风方案提出、通风路径选择及影响因素评价、最优通风方案选择（图6-1）。

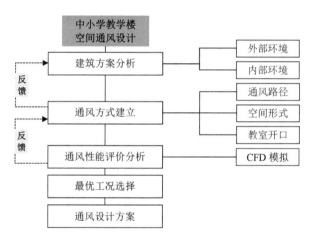

图6-1　教学楼空间与通风一体化设计流程

在教学楼空间通风的设计过程中，首先，进行建筑通风背景条件分析，这是教学楼空间通风设计的基础，包括调查教学楼周边环境状况，分析教学楼功能、空间布局等对教学楼通风的影响。其次，根据教学楼设计条件确定通风量指标，根据适用性原则确定通风方式。根据教学楼中走廊和楼梯、中庭等开敞空间的分布特点进行组合分析，根据路径长短和对房间的覆盖度，选择教学楼空间的通风路径。分析影响教学楼空间通风性能的教学楼空间相关因素，综合评价分析教学楼的空间形式、换气界面开口位置、教室空间尺度和使用人数等条件影响下的教学楼空间通风效果，设计制定适宜的空间形式与开口方式。再次，确定教学楼空间通风方案后，选择适用的辅助动力设施和被动技术组合，利用CFD模拟的方法对建立的教学楼空间通风方式进行模拟验证，根据模拟结果确认或进一步协调优化方案设计。最后，形成教学楼空间通风系统，完成教学楼空间通风设计全过程。

6.2

教学楼空间通风路径设计策略

6.2.1 教学楼空间通风网络设计

1.教学楼空间通风网络组成

中小学教学楼中的水平开敞空间和竖向开敞空间组成教学楼空间通风网络通道，为教学楼空间通风提供了空气流动的通风通道。进排风口和通风通道组合形成教学楼内部通风路径。

在教学楼空间通风设计中，首先，根据教学楼中的竖向开敞空间和水平开敞空间的相对位置确定教学楼空间通风路径。根据5.3.1的模拟结果，不同通风路径对教学楼空间通风的有效性的影响不同。4种通风路径对比，当进风路径为单侧进风时，通风路径为单进单排和单进双排时教学楼内气流组织特点是一致的；同样，当进风路径为双侧进风时，双进单排和双进双排时教学楼内气流组织的特点基本一致。而且，通风路径的进排风口越少，越有利于提高教室通风量。比较单进单排和双进单排的特点（表6-1），单进单排的路径方式只需要一套进风和排风辅助以及外部设施，经济成本低，比较适合中小学教学楼通风设计与改造；双进单排方式尽管经济性较差，但是这种通风方式比较适合建筑长度较长，或竖向通风通道在教学楼中间的对称式平面布局类型。

教学楼空间通风路径特点   表6-1

通风路径	优势	不足
单进单排	适应建筑特点和环境条件的能力较强，气流组织线路清晰，房间通风效果较好，由于进排风口少，经济适用性强	同层房间的通风量随通风路径长度而出现差异
双进单排	房间通风效果较好，送风速度比较均匀，适合教室数量多、路径较长、排风口在教学楼中部的教学楼	改造中受教学楼条件和环境条件影响较大

　　中小学教学楼水平开敞空间走廊的位置在建筑平面中相对固定，竖向空间楼梯的数量和位置主要与教学楼规模、长度等相关。在进行教学楼空间通风设计时，教学楼的楼梯与走廊、教室的相对位置关系，影响教学楼空间通风路径的选择。以严寒地区普遍采用的一字型教学楼为例，根据楼梯的分布位置选择合理的通风路径（表6-2）。

　　工况1教学楼采用非对称平面的方式，其中一部是教学楼的主楼梯，通常与教学楼的主入口相连，另一部楼梯布置远离主楼梯。这种布置方式既可

教学楼通风路径示意   表6-2

工况编号	教学楼平面楼梯位置分布	通风路径示意
1		
2		
3		
4		

以利用主楼梯作为竖向排风通道和走廊组合，也可以利用东侧楼梯作为竖向排风通道和走廊组合形成通风路径。同时，将新风的进风口设在远离竖向排风通道的走廊一端，与模拟的单进单排通风模式一致。

工况2与工况1布局方式一致，不过主楼梯的位置距离走廊西侧尽端有两间教室距离，利用主楼梯做竖向通风通道时，东侧进风口和主楼梯之间的通风路径覆盖房间数量明显不如工况1，所以，这种条件应采用东侧楼梯和走廊组合通风路径。

工况3显示，当教学楼平面为对称布局时，两部楼梯之间距离过近，而楼梯至走廊两侧尽端的位置过远时，利用楼梯通风时容易造成走廊尽端通风不畅，影响房间的通风量。这种方式在采用教学楼空间通风方式时，要调整两部或其中一部楼梯的位置，使其尽量靠近一侧走廊尽端；如果是已建成教学楼，则考虑将走廊尽端的一个房间竖向打通作为通风通道。

工况4是教学楼平面长度较大时常见的楼梯布局方式。由于教学楼水平方向长度较大，单侧进风时通风路径过长，因此可以利用位于教学楼中部的楼梯设置成竖向通道，采用双进单排的教学楼空间通风方式。

2.适应气候条件的控制设计

严寒地区气候特点要求教学楼在采暖期保持建筑密闭性，减少无组织非需要的冷风渗透。同样，教学楼空间通风网络是在教学楼密闭性条件基础上形成的，因此，教学楼的密闭性控制策略也是针对严寒地区气候特征的设计策略，是适应严寒地区冬季气候特点、保证教学楼空间通风适用性和有效性的重要前提。

根据严寒地区的气候特征，教学楼的围护结构热工性能主要目标就是保温与节能，降低或消除外部不利条件的影响，在内部形成舒适的空气环境。降低建筑能耗是现代建筑节能的手段[13]，增强建筑密闭性（尤其门窗）是建筑节能的重要措施之一，这也是实现教学楼空间通风的基础条件。开展建筑节能工作以来，已将建筑外窗的空气渗透性能改为气密性能，可根据单位缝长空气渗透率分级指标值分为5级（表6-3）。建筑的密闭性有利于控制新风量，改善高渗透率，这种围护结构特点使室内无组织的通风量越来越小，有利于教学楼空间通风方式的运行。

建筑外窗气密性能分级表（压差=10Pa）　　　　　　　　表6-3

等级	1	2	3	4	5
单位缝长分级指标值q/ $[m^3/(m\cdot h)]$	$4.0 < q \leqslant 6.0$	$2.5 < q \leqslant 4.0$	$1.5 < q \leqslant 2.5$	$0.5 < q \leqslant 1.5$	$q < 0.5$

许多既有教学楼建设年代较早，门窗和建筑的密闭性没达到节能标准，无组织渗入冷空气或渗出热空气都容易导致无法建立所需的压差而降低换气效率，且容易导致建筑围护结构内的通风不足，产生冷凝和霉菌生长现象等，进而影响空气质量，需要先完成教学楼的节能改造，再进行教学楼空间通风的改造。另外，由于习惯性的问题，严寒地区冬季开窗通风，无组织通风问题比较突出，因此在上课时间，要控制走廊、门厅的开窗、开门行为，杜绝常见的走廊开窗和教学楼大门敞开现象（图6-2），保持教学楼的密闭性。下课时间学生对教学楼内部空气的舒适性要求不高，在一楼出入口大门适当增加保温防风措施，主要目的是防止过量的冷风进入教学楼。

图6-2　走廊开窗和门厅开门状态

6.2.2 进排风口及辅助设计

1.进排风口设计

进排风口是指新鲜空气进入和排出教学楼的开口，位于教学楼通风通道两端。进排风口的位置和大小根据教学楼通风路径设计和通风量、进风速度来确定。中小学教学楼空间通风的进排风口位置示意见图6-3。

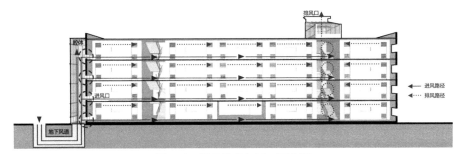

图6-3　通风路径与开口示意图

模拟发现由于进风温度和室内温度的差异，新风进入走廊出现明显分层现象，因此，教学楼的最佳进风方式是按楼层水平进风，即在教学楼每层水平开敞空间与送风腔体或管道之间开设进风口。利用进风温度低于走廊设计温度的特点，进入走廊的新鲜空气始终在走廊下部流动。分层进风方式能够保证教学楼各层进风的新鲜度和空气温度，减少与污染气体大量混合带来的污染与过度升温问题。根据通风路径的组合特点，进风口的位置应设置在与排风口距离最远的走廊尽端，尽可能在进排风口之间形成覆盖面大的通风路径。

排风口可以结合竖向开敞空间一体化设计，在教学楼楼梯或中庭空间的顶部设置。当前中小学校加强了对教学楼屋顶平面的利用，在屋顶开展实验基地、生活课讲堂等让学生与自然零距离接触[74]，这些都需要设置出屋面的楼梯间，为排风口设置提供了空间和位置。排风口方向设置还要考虑季风特点，在冬季主导风向形成的负压区内，这样有助于增加拔风效果。在无辅助动力条件下，排风完全利用烟囱效应时，需要根据边界层内的温差来确定烟囱高度，排风口越高越有利于排风，而且还能提高层数较高的房间换气量。因此，在有条件的情况下，尽量升高排风管道，提高排风口，也有利于自然通风时的通风效果。

2.进排风动力辅助设计

进排风的动力辅助作用是保证教学楼获得足够的新鲜空气，这部分新风达到使用及舒适要求所消耗的能量也是必要的。教学楼空间通风方式下可利用的通风动力主要有3种，即被动式自然通风、排风辅助和送风辅助，三者的优缺点比较见表6-4。教学楼空间通风3种驱动方式可以根据不同的外部条件和通风需求选择适合的方式，也可以组合使用。

通风驱动方式对教学楼通风的影响 表6-4

驱动方式	优势	不足
被动式自然通风	不消耗机械动力，可以利用太阳能或无动力风帽辅助排风	风量控制较差，容易造成通风量过多或不足，不同楼层房间通风量差异大，适用时期受外部环境影响
排风辅助	适用通风路径范围广，适用时期范围大，可以根据需要控制通风量，可以结合太阳能或无动力风帽辅助排风	需要机械动力，楼内产生负压，容易造成室外空气渗透
送风辅助	适用通风路径范围广，适用时期范围大，可以根据需要控制通风量，在教学楼内形成正压，防止室外空气渗透	需要机械动力，占用一定空间，需要进行降噪处理

自然通风方式受外界条件影响较大，室外天气的阴晴、风向风速、温度湿度等都影响进排风效果。在非采暖时期，室外温度不低于12℃时，这一时期通风目标是保证室内空气质量，同时对通风量大小的控制不严格的情况下，可采用促进自然通风的方式，如设置诱导式排风系统[93]。在采暖时期，自然通风方式容易造成通风过量或不足，通风量不足会影响空气质量，通风量过大又会影响热环境和能量消耗，因此，应增加风量控制装置。

常见排风辅助的被动式措施主要有以下几个方面：第一，基于热压通风原理，根据热压压差与进排风口高度差成正比，适当加高楼梯间或中庭的顶层高度，通过升高排风口增强排风动力。第二，太阳能烟囱也是常见的被动排风装置（图6-4a），可在排风口处采用玻璃或铺设吸热材料，增强太阳能辐射吸收率，进而增强烟囱效应，促进热压通风[169]。第三，排风口可结合导风板、无动力或换热风帽等通风构件，进一步增强通风效果[170]（图6-4b）。

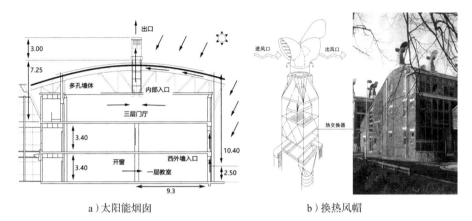

a）太阳能烟囱　　　　　　　　b）换热风帽

图6-4　排风辅助的被动式措施

5.3.1模拟结果表明，在相同通风路径条件下，排风和送风辅助动力方式对房间的通风量几乎没有影响，两者均可以通过设置控制排风的装置，根据教学楼内的通风需求控制送风量或排风量，避免室内风速过大或通风量过高，适用于对节能要求比较高的采暖时期。送风辅助方式是利用机械风机通过送风口将空气送入教学楼内，避免严寒地区冬季外部环境变化的影响。送风辅助方式下教学楼内空气形成正压，相比排风方式形成的负压更有利于防止冷风的渗透。排风辅助装置是在排风口设计机械动力排风，也可以和被动技术诱导式排风相结合，在诱导式排风满足要求时关闭机械排风，在通风驱动力不足时打开机械排风。

3.进风温度辅助设计

人们在不同气候条件时期对热舒适环境心理诉求不同，研究表明，室外温度条件与建筑开窗行为关联性最大[171]，多数开窗通风的行为与室内热舒适性相关。传统自然通风方式无法实现的主要原因就是严寒地区冬季室外温度低，冷空气进入室内容易导致使用者舒适性降低。

为保持室内温度的舒适性，可利用地道风或进排风换热等方式将冬季外部冷空气进行预热，如果室外空气污染指数高，还需要增加过滤环节，再进入教学楼内部空间。经预热处理后新鲜空气进入教学楼前需要一段竖向进风通道与教学楼进风口连通。在有条件时，在教学楼走廊一侧或两侧设计过渡腔体空间，如图6-5a)，腔体尺度要考虑与新风预热处理系统对接及走廊宽度。设置进风腔体的优点：第一，形成一个统一的进风过渡空间向走廊送风，能够尽量减少向教学楼供风的开口；第二，腔体空间可以结合太阳能技术形成新风预热处理空间，减轻通过设备对新鲜空气预热耗能的压力；第三，在教室开窗时期，还可以利用腔体空间形成烟囱效应作为排风竖井。

在用地条件或教学楼功能设置不适合设计通风腔体时，也可以在走廊一侧竖向布置进风井道，在走廊每层设进风口，具有经济、占用空间小、送风量容易控制等特点。已建成的教学楼既无法在室外附设通风腔体，也不能在楼内增设进风井道时，可以在教学楼外部附设送风管道，要做好保温措施，如图6-5b)所示。

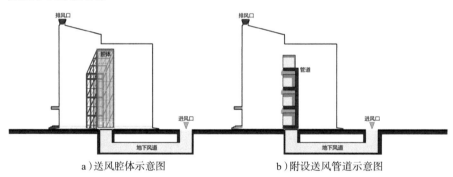

a)送风腔体示意图　　　　　　　b)附设送风管道示意图

图6-5　教学楼进风通道示意图

在进风温度控制方面，5.3.1模拟结果显示，当送风温度在10℃、12℃、14℃时，均可以满足教室内学生热舒适温度条件。当送风温度在10℃、12℃时走廊人行高度0.9～1.6m的空气平均温度14～17℃，部分温度不满足16℃设计要求，但明显高于测量时期教学楼的走廊温度。由于中小学教学楼使用模式的统一性，在上课时间走廊基本没有人员活动，实际上走廊温度对上课的学生影响很小。在下课时，学生主要去室外活动，着装能够适应室外，走廊形成通向室外的过渡空间，学生也能适应走廊温度。因此，在控制教学楼进风温度时，应该以教室热舒适性为主。根据教室的热舒适性进行调节，设置10～14℃的进风温度范围。特别是在大课间学生做体操或集体室外活动时，走廊和教室均无人的条件下，降低进风温度既可以大幅提高房间通风量快速换气，又可以减少预热能量消耗。

6.3
教学楼空间形式设计策略

6.3.1 教学楼水平通风空间设计

在空间通风方式下，教学楼水平开敞空间既是空气流动的通风通道，也是与教室进行气体交换的主要空间。5.3.2模拟结果显示，水平开敞空间的尺度、开敞位置变化等对教室通风量均有一定影响。因此，在不影响教学楼使用条件的基础上，可以利用和适当调整空间形态与功能布局，提升教学楼空间通风性能。

1.水平通风空间尺度

严寒地区中小学教学楼各层走廊可以作为水平通风空间。走廊作为教室的空气交换空间，其尺度与容积对教学楼空间通风方式下教室通风量会产生一定的影响。一般教学楼走廊宽度不低于1.8m，调研发现，大多数中小学的走廊设计宽度为1.8～2.7m（图6-6）。

在5.3.2中的研究显示，适当增加走廊宽度有利于教室通风。相对于2.4m宽的走廊，3.0m和3.6m宽走廊能够较大地提升教室进风量。实际上当前建筑师更加关注学生的交通感受和交往空间，一些新建教学楼的走廊宽度不只是追求满足规范要求，走廊除了交通空间外还有交流和展示的功能

（图6-7）。因此建议新建中小学教学楼走廊适当加宽，这样既有利于教学楼
空间通风，又能给学生创造比较活跃和舒适的空间。

图6-6 教学楼走廊

图6-7 多功能教学楼走廊

2.水平通风空间形式

在中小学教学楼建筑中可以通过水平通风空间形式变化促进空气流动，
除了提高教室通风量外，还可以改善各间教室进风均匀性。

5.3.2的模拟数据表明，教学楼空间通风存在距进风口越远的房间通风
量越低的现象。而在适当位置设置水平的开敞空间，有利于教室通风，开敞
的水平空间距进风口越远越有利于改善远离进风口房间的通风量。另外，在

开敞空间规模上，增大单一开敞空间的开敞面积或间隔式布置开敞空间，都有助于增加教室通风量。

严寒地区中小学教学楼的水平空间除走廊和楼梯外，普遍以封闭房间形态存在，少数用于展示、交流和学习、休憩等功能的空间，以扩大走廊、局部开敞等方式形成开敞性空间（图6-8）。这种开敞空间位置和规模设计均可以结合教学楼空间通风的有效性进行。

图6-8　教学楼水平开敞空间

当前中小学的教育理念和教育模式也在发生变化，教育越来越注重开放性与创造性，为孩子的多元化成长创造条件。在进行教学楼设计时，设计师希望给师生们提供空间背景，充满阳光和绿色，拥有丰富的共享空间和开放的活动场所，师生们可以充分体会交往互动带来的学习乐趣，并激发自身创造力[172]，因此，也要考虑未来教学楼适应时代性的空间变化对通风的影响。图6-9显示了通过教学空间和辅助空间的集中式布局，教室和相邻开敞空间形成"学习社区"，"学习社区"的分散布置形成通透、灵活的平面布局，成为空间的基本单元。值得注意的是，此教学楼并没有按照常规一字型内廊式平面设计手法，没有尽可能多地将普通教室串联起来，而是通过小组团的形式"打断"原本串联的教室。每个"学习社区"中的年级客厅形成一个水平开敞空间，可以根据有利于教学楼空间通风的条件进行设计。针对教学楼内两个主要空间即教学空间和辅助空间的组合方式，将教学空间集中布置于南向，辅助空间集中布置于北向，此种布局形成的集中式组合方式更符合教学楼平面通风原理，也更有利于通风。

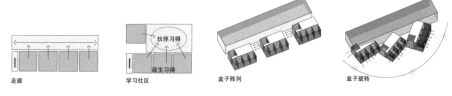

图6-9　黄城根小学昌平学校校区平面空间衍生图

北京四中房山校区在教学楼设计中打破了常规功能空间都封闭成房间的模式，给孩子们设计了许多连续开放的空间，学生下课时可以利用这些开敞空间进行活动（图6-10）。而且，公共场所设计的开放性越来越强，例如图书馆里的视听室，这种设计方法促进了学生的相互交流，而且"开放了以后很阳光"[173]。这些连续开敞空间可以根据5.3.2的模拟结论进行优化布置，使其更有利于教学楼空间通风。

图6-10　北京四中房山校区教学楼开敞空间

6.3.2 教学楼竖向通风空间设计

竖向通风空间是利用教学楼的竖向空间（如楼梯或中庭），形成烟囱效应的排风通道。中小学教学楼内的竖向空间主要为楼梯、中庭，竖向空间的分布和数量会影响教学楼通风路径和教室通风量。

在教学楼空间通风设计中，竖向空间不能仅仅表现在排风能力上，还需要与其他空间相配合，才能提高房间的换气能力。其原因主要有两方面：第一，由于节能需求，整个教学楼内的通风量是受到限制的；第二，竖向空间过多会影响教学楼空间通风的气流组织，降低教室通风量。不同竖向空间对教室通风量的模拟结果对比见表6-5。

竖向空间对教室通风量的影响 表6-5

序号	竖向空间数量（个）	设置排风口数量（个）*	影响教室通风量描述
A	1	1	无水平开敞空间时，教室通风效果与水平开敞空间变化关联度高，有利于通过调整水平空间增加教室进风量
B	2	1	在无房间开敞时，与A相比教室通风量基本一致，教室通风效果与水平开敞空间变化关联度高，有利于通过调整水平空间增加教室进风量
C	3	1	在无房间开敞时，与A教室通风量基本一致，教室通风效果与水平开敞空间变化关联度低，不利于通过调整水平空间增加教室进风量

注：*指有排风口的竖向空间数量

调研结果显示，中小学校的教学楼由于规模原因，普遍为两部楼梯，部分教学楼内有中庭，一般不超过3个竖向空间。根据模拟结果，在相同水平空间条件下，1～2个竖向通道对教室通风量几乎没影响，教室通风量主要受水平空间形式变化的影响。只有增加至3个竖向空间分散布置时，竖向空间对教室通风量影响较大，平面变化作用变得较小。

通过调研可知，已建成中小学教学楼楼梯间多数为开敞式（图6-11）。近年来建成的4层以上的少数教学楼楼梯间为封闭式，为满足学生出入快捷和方便，在学校平时使用过程中呈开启状态。一般一栋教学楼内有两部楼梯，就形成了两个竖向空间，这种条件有利于教学楼空间通风，还可以通过调整水平开敞空间提高教室通风量。还有一些教学楼有中庭或三部楼梯，无法通过调整水平开敞空间改善教室的进风效果，可以将主要作为疏散的楼梯间日常保持封闭状态，既满足消防要求，又避免增加竖向空间。

各类规范对楼梯在无火灾条件下能否应用于通风未作明确要求，许多通

图6-11 开敞式楼梯间

风研究把楼梯作为烟囱效应的有利条件。因此，假设火灾发生会通过切断通风设施或采用其他方法防止影响应急疏散，在此不进行深入研究。

　　除楼梯间外，中庭也是严寒地区常见的竖向空间。中庭顶部多采用通透形式，增强室内自然采光，其集热特征能够使空气受太阳辐射升温而上升，通过顶部排风口排出，促进室内空气流动。当教学楼的楼梯保持封闭状态或位置不适合形成空间路径条件时，可设计中庭作为竖向通风空间，中庭的空间尺度可以参照楼梯的尺度，主要以通风和采光为主（图6-12）。也可以在普通中庭的基础上设计可持续的生态中庭，添加百叶和利用太阳能促进室内通风（图6-13）。中庭与走廊、楼梯间可在教学楼内形成纵横贯通的立体教学楼空间通风管网系统，协同实现严寒地区教学楼冬季通风的有效性。

图6-12　中庭（小学样本2—C楼）

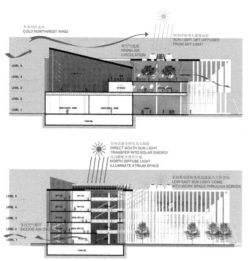

图6-13　哈尔滨哈西新区办公楼中庭

6.4

教学楼换气界面开口设计策略

　　对比多组模拟数据发现，教室换气界面开口的位置、高度及大小等条件对教室内的气流组织、通风量、换气效率和CO_2浓度的分布有较大的影响。根据5.4.1对教学楼通风量与CO_2浓度回归分析发现，有5种界面开口方式的通风效果比较理想，其中4种对角布置方式，分别是开口面积0.5m²（通风口底边距地2.5m）和0.6m²（通风口底边距地1.5m/2.0m/2.5m）；1种对称中排方式，开口面积0.6m²（通风口底边距地2.0m）。这5种换气开口均可以利用现有教室与走廊之间开设的门窗，进行疏散与观察、通风、美观一体化协调设计，同时能够减少对既有建筑的改造工程量，实现经济适用的要求。

6.4.1 换气界面开口位置设计

换气界面开口要考虑教室布局、人员分布，既要有利于污染空气排出，提高学生区域的空气质量，又不影响学生的舒适性。调查发现严寒地区中小学教室的尺寸和室内布置比较类似，根据教室内部空间布局及前后门位置，进风口的理想设置区域分别为教室前部距离黑板2.2m宽的区域和教室后部距离墙1.5m的区域，可以增大进风口与学生之间的距离，缓冲低温进风对学生的影响。教室排风口由于距地较高，对学生舒适性影响非常小，可以从通风合理性和建筑进行统一设计。教室进排风口水平位置平面示意见图6-14。

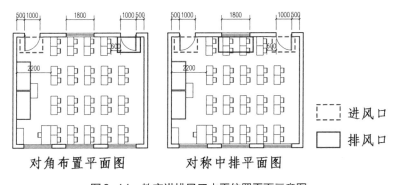

图6-14 教室进排风口水平位置平面示意图

根据5.3.3模拟结果，换气开口采用对角布置方式和对称布置方式时，在一定开口大小和高度条件下教室均有较高的通风量和换气效率，而且教室内的气流速度均＜0.2m/s，均满足室内舒适性要求。当前教室与通风通道之间的换气界面主要是教室与走廊之间的隔墙，隔墙上开门和开窗情况见图6-15。可以发现，实际条件下，隔墙上适合通风换气的开口位置与教室门和窗的位置有重叠和交叉，如果进排风口都避开门的位置，会影响室内气流组织。因此，利用门窗开口位置，进行门窗开口和换气开口一体化设计，既能缓解换气界面可利用位置不足的问题，又能减少既有教学楼改造设计的工程量。

图6-15　教室与走廊隔墙门窗位置示意图

　　在现场实验分析和模拟时均已经考虑在门扇设置进风口，可结合教室门
一体化设计，避免了在墙上二次开洞。排风口同样可以利用教室门上部的固
定窗或教室中部的观察窗，通过真假百叶等装饰手法，实现进排风口立面效
果的美观。两种换气开口设计见图6-16和图6-17。

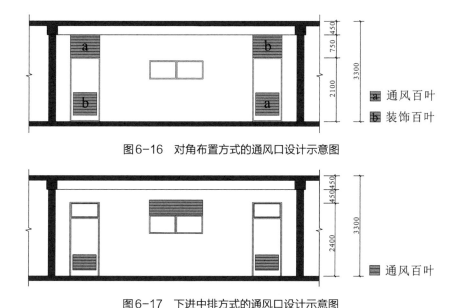

图6-16 对角布置方式的通风口设计示意图

图6-17 下进中排方式的通风口设计示意图

从模拟数据结果来看，在相同面积的情况下，换气口对角布置的教室通风量和室内空气质量略好于对称中排的方式。但对角布置时，换气界面的开口受到门的高度和宽度限制（图6-16）。而对称中排的开口方式可拓性较强，可以结合观察窗一体化设计（图6-17），开口面积提升的余地较大，在既有教学楼的改造设计中，对称中排方式的可拓性更强。

6.4.2 换气界面开口尺寸和高度设计

为了保证教室内部换气量和换气效率，排风口尽量与进风口形成较大的高差，进风口的下缘尽量靠近地面，与楼地面的距离保持0.2m高度，这是为了减少对地面灰尘的扰动。进风口的上缘与地面的距离保持在1m以内，低于教室内学生的头部高度。模拟结果显示当排风口距地高度在2.0m以上时，通风效果较好，而且随高度增加教室通风量也增加。因此，排风口应尽可能升高，但从图6-15也可看出，排风口的高度受到隔墙上梁高的限制，在新建设计中可以采用一定的处理方式减小梁高，例如宽扁梁或预应力梁等，以提升排风口高度。

根据5.3.3的模拟分析发现，要保证室内空气质量所需通风量，在开口位置确定后，要根据开口的面积、高度组合分析换气效果。换气开口面积一般不低于$0.5m^2$，排风口距地高度一般不低于2.0m。如果一个条件不满足，则需要加强另一个条件；或者一个条件加强，另一个条件也可以相应减弱。例如，在对角布置方式下，当通风口面积为$0.5m^2$时，排风口的下缘距地高度须达到2.0m；当进风口和排风口分别为$0.6m^2$时，排风口的下缘距地高度达到1.5m即能满足教室通风换气要求。因此，可以根据高度和开口面积组合设计，通过模拟的方法分析最佳开口组合，防止通风过量或不足。

本章小结

本章制定教学楼空间通风设计原则和流程，提出教学楼空间与通风一体化设计策略，为严寒地区教学楼冬季通风设计提供参考与指导。基于教学楼空间与通风一体化设计策略的具体研究内容是：

（1）根据严寒地区中小学教学楼通风现状与评价结果、教学楼空间通风的实验测试与模拟研究结果，制定教学楼空间通风有效性和适用性设计原则，构建教学楼空间与通风一体化的设计流程；

（2）建立有利于教学楼空间通风方式的空间通风路径，保证教学楼密闭性的控制方式，提出合理的进排风口设计方法，为满足室内热环境，建立进风温度和通风量的设计标准。

（3）根据既有中小学教学楼现状空间特点和空间发展趋势，提出促进通风换气的教学楼水平空间形式和尺度、竖向空间的利用和控制方法。

（4）从功能、通风、美观等方面协调统一的角度出发对换气界面开口位置、大小和高度提出微调整设计建议，以有效促进教学楼空间通风性能，满足严寒地区中小学使用需求。

结　论

　　针对严寒地区采暖时期教室不适宜开窗通风的现状，根据教学楼建筑空间特征、使用特点和通风相关影响因素，建立一种以教学楼内部开敞空间形成的立体空间网络作为通风通道，受热压与辅助动力驱动的教学楼空间通风方式。本书提出的教学楼空间与通风一体化设计策略具有经济、适用、有效的特点，能够改善严寒地区采暖时期新建和既有中小学教室空气质量，符合我国加强公共卫生环境设施、提高国家供给质量的社会诉求。具体主要有以下几方面研究结论：

　　（1）根据严寒地区气候条件，结合中小学教学楼建筑特点，分析了严寒地区中小学教学楼自然通风潜力。通过对教学楼的现场测量调研，发现既有建筑自然通风方式无法保证采暖时期的教室室内空气质量，冬季教室47.5%使用时间CO_2浓度超标。分别以12℃和16℃作为最低室外通风温度，预测中小学教学楼自然通风有效性分别为45.1%和32.8%。分析不同室外温度时室内CO_2浓度分布情况，当室外温度低于12℃时，教室50.61%使用时间CO_2浓度超标。随室外温度升高，通风效果不断增强：12～16℃时，教室25.0%使用时间CO_2浓度超标；高于16℃时，教室只有5.98%时间CO_2浓度超标。

　　（2）对严寒地区中小学教学楼现状通风性能进行主客观评价分析，发现影响室内空气质量因素及影响程度依次为开门时间、开门状态、教室人数、教室温度。在教室封闭状态下，上课时间CO_2浓度在10分钟内可增加超过450ppm，说明只依靠课间开窗不能解决上课时CO_2浓度超标问题。教室和走廊空间的空气交换能降低教室CO_2浓度，但不能保证室内空气质量。问卷调查结果显示中小学生具有主观感受和主观判断的能力，但对室内空气质量评价结果与CO_2浓度监测结果差异较大，说明无法依靠学生主观判断空气质量状况进行通风调节。对热环境评价结果显示，学生对教室热环境感觉偏热，学生的热中性温度为18.56℃，90%小学生可接受的温度区间为17.91～20.81℃，低于大部分测量期间的温度，说明学生更喜欢偏冷的环境，其主要原因为中小学生新陈代谢率比成年人旺盛，以及室外低温气候导致学生服装热阻较高。

（3）通过现场实验测试方法对室内CO_2浓度的模态分布进行测试与分析，发现CO_2浓度在水平空间的分布主要与人员在教室中的分布密度相关。在竖向空间分布上，1.8m高位置的CO_2累积浓度最大。现场测试比较了3种换气开口方式，结果表明，热压通风可有效实现教室和走廊换气。基于CO_2浓度的计算结果显示，上课时间CO_2初始浓度对教室通风量影响较大，主要有两个方面的影响，一是对上课时间和下课时间的通风量分配起到重要作用，初始浓度越高，上课时间通风量越大，下课时间越小。二是对教室通风总量的影响，上课时间CO_2初始浓度越高，教室总通风量越小。CO_2初始浓度在600～800ppm时上下课通风量相对均衡，比较适合作为通风初始浓度。

（4）建立中小学教学楼空间通风模型，利用CFD模拟分析有利于教学楼空间通风的通风通道模式、空间形式和换气界面开口方式。模拟结果显示，通风路径的进排风口越少，进风温度越低，越有利于增加房间换气量。进风温度在10℃、12℃、14℃时均可以保证教室内温度舒适性和规范指标。14℃进风时走廊的热舒适性最好，和测量时期相比12℃更接近实际测量时期温度，送风温度可根据教学楼具体使用情况进行管理。

水平空间形式变化对通风有一定影响。在远离进风口位置增加水平开敞空间、增大开敞面积、采用间隔分布等水平开敞空间变化方式，均有利于增加教室进风量，最高可增加13.10%。竖向开敞空间不超过2个时，对教室通风影响基本无差异；超过3个时，会抑制水平开敞空间变化对教室通风量的影响。走廊宽度为3.0m、3.6m时，教室通风量比2.4m时分别增加了17.94%和19.05%，因此适当增加走廊宽度对教室进风有很好的促进作用。

换气界面开口位置、大小和高度均对教室进风有较大影响。对角布置和对称中排的换气开口位置有利于教室进风、室内气流组织和保证室内空气质量。教室换气开口面积不宜低于0.5m²，面积越大越有利于增加换气量，排风口距地高度不宜低于2.0m，位置越高换气量越大。二者要组合适度，防止风量过小或过大，教室通风量与CO_2浓度回归分析显示，工况C9～C12和C15都可以作为理想的通风开口方式。

（5）针对严寒地区采暖时期教室空气质量差的问题，根据中小学校现状建筑空间条件和经济适用性，兼顾既有和新建教学楼的通风设计与改造，制定有效性和适用性设计原则，提出教学楼空间与通风一体化设计策略。首先，为实现教学楼空间通风，要保持建筑密闭性，建立教学楼空间通风网络，根据教学楼水平与竖向空间组合，为空气流动提供通风路径。进排风口设计应考虑二者之间的通风路径覆盖面，在室外空气条件不适合自然通风时，考虑结合进排风口进行进风量、进风温度等控制辅助设计。其次，建筑空间形式上要考虑结合传统和发展的空间形式，增加水平开敞空间或改变部分教学楼封闭房间形式，利用交流、展示、活动等开敞空间，集中或间断式布置在水平通风空间中部或远离进风口一侧，提高同层教室进风量的均匀性。换气界面的开口位置与教室门、窗一体化设计，能够满足美观与舒适性等要求，实施性强。

本书阐明了严寒地区中小学教学楼冬季通风的影响因素，建立了冬季教学楼封闭状态下通风性能的主客观综合评价方法；结合经验证有效的CFD方法，揭示了教学楼中的宏观通风路径、中观空间形式及微观换气界面开口对教学楼空间通风性能的影响规律；提出了有效、适用的严寒地区既有和新建教学楼空间与通风一体化设计策略。

作为适应严寒地区采暖季中小学教学楼的一种通风方式，教学楼空间通风研究还处于初始阶段，针对其通风性能在后续还有更多的工作要做。除典型的中小学教学楼形式外，还应针对不同建筑平面布局和空间形式的教学楼进行深入的研究，完善研究成果。此外，还应加强与教学楼空间通风相适应的新型被动技术、通风节能效率、通风智能管理等方面的研究。

参考文献

[1]　W. J. Fisk. The ventilation problem in schools: Literature review[J]. Indoor Air 2017, 27: 1039-1051.

[2]　E. M. Faustman, S. M. Silbernagel, R. A. Fenske, T. et al. Mechanisms underlying Children's susceptibility to environmental toxicants[J]. Environ Health Perspect. 2000, 108: 13-21.

[3]　W. A. Suk, K. Murray, M. D. Avakian. Environmental hazards to children's health in the modern world[J]. Mutation Research/Fundamental and Molecular Mechanisms of Mutagenesis, 2003, 544(2-3): 235-242.

[4]　P. T. B. S. Branco, M. C. M. Alvim-Ferraz, F. G. Martins, et al. Children's exposure to indoor air in urban nurseries—part I: CO_2 and comfort assessment[J]. Environmental Research, 2015, 140: 1-9.

[5]　P. Barrett, F. Davies, Y. Zhang, et al. The impact of classroom design on pupils' learning: Final results of a holistic, multi-level analysis[J]. Building and Environment, 2015, 89: 118-133.

[6]　P. V. Dorizas, M. N. Assimakopoulos, C. Helmis, et al. An integrated evaluation study of the ventilation rate, the exposure and the indoor air quality in naturally ventilated classrooms in the Mediterranean region during spring[J]. Science of the Total Environment, 2015, 502: 557-570.

[7]　Zs. Bakó-Biró, D. J. Clements-Croome, N. Kochhar, et al. Ventilation rates in

schools and pupils' performance[J]. Building & Environment, 2012, 48: 215-223.

[8] L. Schibuola, M. Scarpa, C. Tambani. Natural ventilation level assessment in a school building by CO_2 concentration measures[J]. Energy Procedia, 2016, 101: 257-264.

[9] N. Behzadi, M. O. Fadeyi. A preliminary study of indoor air quality conditions in Dubai public elementary schools[J]. Architectural Engineering & Design Management, 2012, 8(3): 192-213.

[10] R. Becker, I. Goldberger, M. Paciuk. Improving energy performance of school buildings while ensuring indoor air quality ventilation[J]. Building & Environment, 2007, 42(9): 3261-3276.

[11] Z. Peng, W. Deng, R. Tenorio. Investigation of Indoor Air Quality and the Identification of Influential Factors at Primary Schools in the North of China[J]. Sustainability, 2017, 9(7): 1180.

[12] D. Wang, J. Jiang, Y. Liu, et al. Student responses to classroom thermal environments in rural primary and secondary schools in winter[J]. Building & Environment, 2017, 115: 104-117.

[13] 江亿. 我国建筑能耗状况与节能重点[J]. 建设科技, 2007, (5): 26-29.

[14] 仇保兴. 中国建筑节能简明读本[M]. 北京: 中国建筑工业出版社, 2009.

[15] 陈建秋. 可持续教育建筑——上海市委党校二期工程可持续技术应用示范[M]. 上海: 同济大学出版社, 2012.

[16] 清华大学建筑节能研究中心. 中国建筑节能年度发展研究报告2018[M]. 北京: 中国建筑工业出版社, 2018.

[17] 宋晔皓, 王嘉亮, 朱宁. 中国本土绿色建筑被动式设计策略思考[J]. 建筑学报, 2013, (7): 94-99.

[18] P. Wargocki, D. P. Wyon. Research Report on Effects of HVAC on Student Performance[J]. ASHRAE journal, 2006, 48(10): 22-28.

[19] D. G. Shendell, R. Prill, W. J. Fisk, et al. Associations between classroom CO_2 concentrations and student attendance in Washington and Idaho[J]. Indoor Air, 2010, 14(5): 333-341.

[20] S. Gaihre, S. Semple, J. Miller, et al. Classroom Carbon Dioxide Concentration, School Attendance, and Educational Attainment[J]. Journal of School Health, 2014, 84(9): 569-574.

[21] V. De Giuli, O. Da Pos, M. De Carli. Indoor environmental quality and pupil perception in Italian primary schools[J]. Building and Environment, 2012, 56: 335-345.

[22] P. Wargocki, D. P. Wyon. The Effects of Moderately Raised Classroom Temperatures and Classroom Ventilation Rate on the Performance of Schoolwork by Children(RP-1257)[J]. HVAC&R Research, 2007, 13(2): 193-220.

[23] U. Satish, M. J. Mendell, K. Shekhar, et al. Is CO_2 an Indoor Pollutant ? Direct Effects of Low-to-Moderate CO_2 Concentrations on Human Decision-Making Performance[J]. Environmental Health Perspectives, 2012, 120(12): 1671-1677.

[24] N. Muscatiello, A. McCarthy, C. Kielb, W. H. Hsu, S. A. Hwang, S. Lin. Classroom conditions and CO_2 concentrations and teacher health symptom reporting in 10 New York State schools[J]. Indoor Air, 2015, 25: 157-167.

[25] M. O. Fadeyi, K. Alkhaja, M. B. Sulayem, et al. Evaluation of indoor environmental quality conditions in elementary schools' classrooms in the United Arab Emirates[J]. Frontiers of Architectural Research, 2014, 3(2): 166–177.

[26] L. Stabile, M. Dell'Isola, A. Russi, A. Massimo, G. Buonanno. The effect of natural ventilation strategy on indoor air quality in schools[J]. Science of the Total Environment. 2017, 595: 894-902.

[27] Stabile, Massimo, Canale, et al. The effect of ventilation strategies on indoor air quality and energy consumptions in classrooms[J]. Buildings, 2019, 9(5): 110.

[28] L. D. Pereira, D. Raimondo, S. P. Corgnati, et al. Assessment of indoor air quality

and thermal comfort in Portuguese secondary classrooms: Methodology and
results[J]. Building & Environment, 2014, 81: 69-80.

[29] U. Heudorf. Passive-house schools—a tool for improving indoor air quality in
schools? [J]. Das Gesundhtswesen, 2007, 69(7): 408-414.

[30] P. Wargocki, D. Wyon. The Effects of Outdoor Air Supply Rate and Supply Air
Filter Condition in Classrooms on the Performance of Schoolwork by Children
(RP-1257)[J]. Hvac & R Research, 2007, 13(2): 165-191.

[31] N. Canha, C. Mandin, O. Ramalho, G. Wyart, J. Ribéron, C. Dassonville, O.
Hänninen, S. M. Almeida, M. Derbez. Assessment of ventilation and indoor air
pollutants in nursery and elementary schools in France[J]. Indoor Air, 2016, 26:
350-365.

[32] D. Mumovic, J. Palmer, M. Davies, et al. Winter indoor air quality, thermal
comfort and acoustic performance of newly built secondary schools in England[J].
Building & Environment, 2009, 44(7): 1466-1477.

[33] D. Teli, P. A. B. James, M. F. Jentsch. Thermal comfort in naturally ventilated
primary school classrooms[J]. Building Research & Information, 2013, 41(3):
301-316.

[34] Despoina Teli, F. Mark Jentsch, A. B. James Patrick. Naturally ventilated
classrooms: An assessment of existing comfort models for predicting the thermal
sensation and preference of primary school children[J]. Energy & Buildings, 2012,
53: 166-182.

[35] S. T. Mors, J. L. Hensen, M. G. L. Loomans, et al. Adaptive thermal comfort in
primary school classrooms: Creating and validating PMV-based comfort charts[J].
Building & Environment, 2011, 46(12): 2454-2461.

[36] C. Martha, Katafygiotou, K. Despina, Serghides. Thermal comfort of a typical
secondary school building in Cyprus[J]. Sustainable Cities and Society, 2014, 13:
303-312.

[37] Hans Wig. Effects of Intermittent Air Velocity on Thermal and Draught Perception—A Field Study in a School Environment[J]. International Journal of Ventilation, 2013, 12（3）: 249-256.

[38] 王晗旭, 王登甲, 刘艳峰, 等. 甘肃乡域中小学教室冬季室内热环境研究[J]. 暖通空调, 2017, 47（4）: 99-103+91.

[39] 王登甲, 王晗旭, 刘艳峰, 等. 青海乡域中小学教室内学生冬季的热舒适性[J]. 土木建筑与环境工程, 2017, 39（1）: 32-37.

[40] 王登甲, 王晗旭, 刘艳峰, 等. 陕西关中乡域中小学教室冬季热舒适调查研究[J]. 西安建筑科技大学学报（自然科学版）, 2016, 48（2）: 277-281.

[41] 白鲁建, 杨柳, 李署婷, 等. 西安市中小学春季室内热环境研究[J]. 西安建筑科技大学学报（自然科学版）, 2015, 47（3）: 407-412.

[42] 徐菁, 刘加平, 刘大龙. 关中地区农村小学教室冬季室内热环境测试与评价[J]. 建筑科学, 2014, 30（2）: 47-50+65.

[43] D. Twardella, W. Matzen, T. Lahrz, et al. Effect of classroom air quality on students' concentration: results of a cluster‐randomized cross‐over experimental study[J]. Indoor Air, 2012, 22（5）: 378-387.

[44] C. Cornaro, A. Paravicini, A. Cimini. Monitoring Indoor Carbon Dioxide Concentration and Effectiveness of Natural Trickle Ventilation in a Middle School in Rome[J]. Indoor & Built Environment, 2013, 22（2）: 445-455.

[45] B. Jones, R. Kirby. Indoor Air Quality in U.K. School Classrooms Ventilated by Natural Ventilation Windcatchers[J]. International Journal of Ventilation, 2012, 10（4）: 323-337.

[46] D. A. Coley, A. Beisteiner. Carbon Dioxide Levels and Ventilation Rates in Schools[J]. International Journal of Ventilation, 2002, 1（1）: 45-52.

[47] M. Griffiths, M. Eftekhari. Control of CO_2 in a naturally ventilated classroom[J]. Energy & Buildings, 2008, 40（4）: 556-560.

[48] F. Stazi, F. Naspi, G. Ulpiani, et al. Indoor air quality and thermal comfort

optimization in classrooms developing an automatic system for windows opening and closing[J]. Energy & Buildings, 2017, 139: 732-746.

[49] J. Toftum, B. U. Kjeldsen, P. Wargocki, et al. Association between classroom ventilation mode and learning outcome in Danish schools[J]. Building & Environment, 2015, 92: 494-503.

[50] M. Santamouris, A. Synnefa, M. Asssimakopoulos, et al. Experimental investigation of the air flow and indoor carbon dioxide concentration in classrooms with intermittent natural ventilation[J]. The Journal of Physical Chemistry C, 2008, 113(10): 1833-1843.

[51] 廖梅, 解晓健, 胡弯. 自然通风教室内CO_2浓度调查与新风量测定[J]. 建筑热能通风空调, 2014, 33(6): 27-30.

[52] Valentina Turanjanin, Biljana Vučićević, Marina Jovanović, Nikola Mirkov, Ivan Lazović. Indoor CO_2 measurements in Serbian schools and ventilation rate calculation[J]. Energy, 2014, 77: 290-296.

[53] X. Su, X. Zhang, J. Gao. Evaluation method of natural ventilation system based on thermal comfort in China[J]. Energy & Buildings, 2009, 41(1): 67-70.

[54] M. A. Humphreys. Outdoor temperatures and comfort indoor[J]. Building Research and Practice, 1978, 6(2): 92-105.

[55] M. A. Humphreys. Outdoors temperature and indoor thermal comfort: Raising the precision of the relationship for the 1998 ASHARE database of field studies[J]. ASHARE Transactions, 1998, 104(2): 485-492.

[56] J. F. Nicol, M. A. Humphreys. Adaptive thermal comfort and sustainable thermal standards for buildings[J]. Energy and Building, 2002, 34(6): 563-572.

[57] 邢凯, 邵郁, 孙惠萱. 严寒地区过渡季办公建筑热舒适实测研究[J]. 建筑学报, 2017, (3): 118-122.

[58] Ruey-Lung Hwang, Tzu-Ping Lin, Chen-Peng Chen, Nai-Jung Kuo. Investigating the adaptive model of thermal comfort for naturally ventilated school buildings in

Taiwan[J]. International Journal of Biometeorology，2009，53（2）：189-200.

[59] 王烨，武弋. 冬季自然通风对住宅室内空气品质的改善性能评价[J]. 安全与环境学报，2008，（5）：104-108.

[60] M. L. Fong，Z. Lin，K. F. Fong，et al. Evaluation of thermal comfort conditions in a classroom with three ventilation methods[J]. Indoor Air，2011，21（3）：231-239.

[61] C. Godwin，S. Batterman，. Indoor air quality in Michigan schools[J]. Indoor Air，2007，17（2）：109-121.

[62] 蒋绿林，王昌领，姜钦青，等. 室内自然通风环境的数值预测与评价[J]. 常州大学学报（自然科学版），2016，28（3）：54-59.

[63] G. Cao，H. Awbi，R. Yao，et al. A review of the performance of different ventilation and airflow distribution systems in buildings[J]. Building & Environment，2014，73：171-186.

[64] 罗志文，赵加宁. 改进的通风性能评价指标——实际新风换气次数[J]. 哈尔滨工业大学学报，2007，（6）：912-915.

[65] 杨李宁，毛伟，付祥钊. 基于通风网络模型的自然通风效果评价方法研究——以重庆某办公楼为例[J]. 制冷与空调，2015，15（3）：6-12.

[66] 杨李宁，付祥钊. 重庆办公建筑自然通风效果评价方法研究[J]. 建筑热能通风空调，2016，35（5）：16-20+63.

[67] 陆齐力，官燕玲，王巧宁. 房间自然通风运用多区域网络模型的修正[J]. 土木建筑与环境工程，2017，39（6）：105-110.

[68] 曾琪翔. 基于通风网络理论的公路隧道自然通风数值模拟[J]. 制冷与空调（四川），2017，31（2）：221-223.

[69] 张野，章宇峰，宋芳婷，等. 建筑环境设计模拟分析软件DeST第8讲自然通风与机械通风系统的联合模拟分析[J]. 暖通空调，2005，（2）：57-70.

[70] 付祥钊，檀姊静. 热压自然通风网络模型及通风量计算方法[J]. 煤气与热力，2012，32（12）：14-18.

[71] 郭卫宏，刘骁，袁旭. 基于CFD模拟的绿色建筑自然通风优化设计研究[J]. 建

筑节能, 2015, 43（9）: 45-52.

[72] 唐振朝, 詹杰民. 室内空气环境的数值模拟与通风模式的评估[J]. 水动力学研究与进展（A辑）, 2004,（S1）: 904-911.

[73] 牛寒睿, 林涛, 黄志强, 等. 基于CFD模拟的双层玻璃幕墙通风性能研究[J]. 建筑节能, 2014, 42（1）: 37-42.

[74] 林波荣, 张德银, 肖伟, 等. 北京四中长阳校区绿色设计实践[J]. 建筑学报, 2013,（7）: 100-104.

[75] E. E. Spentzou, C. R. Iddon, M. Grove, et al. Priority school building programme: an investigation into predicted occupant comfort during the heating season in naturally ventilated classrooms[C] CLIMA 2016—proceedings of the 12th REHVA World Congress, 2016.

[76] C. Yang, X. Yang, T. Xu, et al. Optimization of bathroom ventilation design for an ISO Class 5 clean ward[J]. Building Simulation, 2009, 2（2）: 133-142.

[77] M.A. Hassan, N.M. Guirguis, M.R. Shaalan, K.M. El-Shazly. Investigation of effects of window combinations on ventilation characteristic for thermal comfort in buildings[J]. Desalination, 2007, 209（1-3）: 251-260.

[78] 周军莉, 张国强, 许艳, 等. 自然通风开口流量系数影响因素探讨[J]. 暖通空调, 2006,（12）: 42-45.

[79] E. Dascalaki, M. Santamouris, A. Argiriou. On the combination of air velocity and flow measurements in single sided natural ventilation configurations[J]. Energy and Buildings, 1996, 24（2）: 155-165.

[80] K. Visagavel, P. S. S. Srinivasan. Analysis of single side ventilated and cross ventilated rooms by varying the width of the window opening using CFD[J]. Solar Energy, 2009, 83（1）: 393-401.

[81] 吕书强. 窗户位置和尺寸对住宅室内自然通风的影响及效果评价[D]. 天津: 天津大学, 2010.

[82] C. F. Gao, W. L. Lee. Evaluating the influence of openings confi guration on

natural ventilation performance of residential units in Hong Kong[J]. Building and Environment, 2011, 46（4）: 961 -969.

[83] K. A. Papakonstantinou, C. T. Kiranoudis, N. C. Markatos. Numerical simulation of air flow field in single-sided ventilated buildings[J]. Energy and Building, 2001, 33（1）: 41-48.

[84] Per Heiselberg, Kjeld Svidt, Peter V. Nielsen. Characteristics of airflow from open windows[J]. Building and Environment, 2001, 36（7）: 859-869.

[85] P. A. Favarolo, H. Manz. Temperature-driven single-sided ventilation through a large rectangular opening[J]. Building and Environment, 2005, 40（5）: 689-699.

[86] N. Khan, Y. Su, S. B. Riffat. A review on wind driven ventilation techniques[J]. Energy and Buildings, 2008, 40（8）: 1586-1604.

[87] 陈飞. 生态意义的理解与表达——从吉巴欧文化艺术中心看待生态建筑的创作[J]. 建筑师, 2005,（6）: 78-82.

[88] 齐鸿海. 柏林新议会大厦, 德国[J]. 世界建筑, 2000,（6）: 42-45.

[89] 潘鑫晨, Martin Wollensak. 德国国家养老保险基金（LVA）北德总部办公楼的建筑设计[J]. 工业建筑, 2018, 48（3）: 214-218+189.

[90] A. Wagner, M. Klebe, C. Parker. Monitoring results of a naturally ventilated and passively cooled office building in Frankfurt, Germany[J]. International Journal of Ventilation, 2007, 6（1）: 3-20.

[91] 胡绍学, 黄柯, 宋海林. 生态办公建筑的有效实践[J]. 建筑学报, 2004,（3）: 36-40.

[92] 陈剑秋. 绿色技术的建筑表现——上海市委党校二期工程[J]. 新建筑, 2013,（4）: 59-65.

[93] 杨洪生. 自然通风降温系统在建筑中的应用——北京大学附属小学校园建筑的节能技术实践[J]. 建筑学报, 2008,（3）: 18-22.

[94] 杨柳. 建筑气候学[M]. 北京: 中国建筑工业出版社, 2010.

[95] L. Chen, X. Q. Fang, S. Li, S. F. Zhang. Comparisons of energy consumption

between cold regions in China and the Europe and America[J]. Jouenal of Natural Resources. 2011, 26: 1258–1268.

[96] Richard Aynsley. Estimating summer wind driven natural ventilation potential for indoor thermal comfort[J]. Journal of Wind Engineering and Industrial Aerodynamics, 1999, 83(1-3): 515-525.

[97] 竟峰, 张旭, 杨洁. 我国部分城市办公建筑自然通风潜力分析[J]. 同济大学学报 (自然科学版), 2008, 36(1): 92-93.

[98] 卜根. 我国不同地区自然通风应用潜力与节能潜力研究[D]. 南京: 南京理工大学, 2010.

[99] 林文, 周军莉, 张国强. 自然通风潜力的多标准评估方法[J]. 建筑热能通风空调, 2007, 26(4): 1-2.

[100] Chalermwat Tantasasdi, Jelena Srebric, Qingyan Chen. Natural ventilation design for houses in Thailand[J]. Energy and Buildings, 2001, 33(8): 815-824.

[101] Z. Luo, J. Zhao, J. Gao, L. He. Estimating natural-ventilation potential considering both thermal comfort and IAQ issues[J]. Building and Environment, 2007, 42(6): 2289-2298.

[102] C. A. Roulet, M. Germano, F. Allard, et al. Potential for natural ventilation in urban context: an assessment method[C]. International conference on indoor air quality and climate.Solar Energy and Building Physics Laboratory (LESO-PB), Swiss Federal Institute of Technology (EPFL), CH-1015 Lausanne, Switzerland, 2002.

[103] 喻李奎, 阳丽娜, 周军莉, 等. 自然通风潜力分析研究进展[J]. 制冷与空调, 2004, 25(4): 18-22.

[104] 杨柳. 建筑气候分析与设计策略研究[D]. 西安: 西安建筑科技大学, 2003.

[105] 阳丽娜. 建筑自然通风的多解现象与潜力分析[D]. 长沙: 湖南大学, 2005.

[106] 赵文学. 西部地域办公建筑自然通风潜力分析研究[J]. 建设科技, 2013, (1): 75-77.

[107] 黎正. 国际学校与普通中小学教学空间的对比研究[D]. 广州：华南理工大学，2013.

[108] 中国建筑工业出版社，中国建筑学会. 建筑设计资料集-4（第三版）[M]. 北京：中国建筑工业出版社，2017.

[109] 中华人民共和国教育部. 城市普通中小学校校舍建设标准[M]. 北京：高等教育出版社，2002.

[110] A. Persily，L. De Jonge. Carbon dioxide generation rates for building occupants[J]. Indoor Air，2017，27（5）868-879.

[111] Carmen María Calama-González，ngel Luis León-Rodríguez，Rafael Suárez. Indoor Air Quality Assessment：Comparison of Ventilation Scenarios for Retrofitting Classrooms in a Hot Climate[J]. Energies，2019，12（24）：4607.

[112] L. Chatzidiakou，D. Mumovic，A. Summerfield. Is CO_2 a good proxy for indoor air quality in classrooms？ Part 1：The interrelationships between thermal conditions，CO_2 levels，ventilation rates and selected indoor pollutants[J]. Building Services Engineering Research and Technology，2015，36（2）：129-161.

[113] L. Chatzidiakou，D. Mumovic，A. Summerfield. Is CO_2 a good proxy for indoor air quality in classrooms？ Part 2：Health outcomes and perceived indoor air quality in relation to classroom exposure and building characteristics[J]. Building Services Engineering Research and Technology，2015，36（2）：162-181.

[114] F. Ma，C. Zhan，X. Xu，G. Li. Winter Thermal Comfort and Perceived Air Quality：A Case Study of Primary Schools in Severe Cold Regions in China[J]. Energies，2020，13（22）：5958.

[115] Department for Education，Building Bulletin 101 Ventilation of school buildings：regulations，standards design guidance[M]. London：UK Department for Education and Employment，2006.

[116] 王昭俊. 室内空气环境评价与控制[M]. 哈尔滨：哈尔滨工业大学出版社，2016.

[117] 曹彬. 气候与建筑环境对人体热适应性的影响研究[D]. 北京：清华大学，2012.

[118] R. J. Shaughnessy, U. Haverinen-Shaughnessy, A. Nevalainen, D. Moschandreas. A preliminary study on the association between ventilation rates in classrooms and student performance[J]. Indoor Air, 2010, 16(6): 465-468.

[119] L. Chatzidiakou, D. Mumovic, A. J. Summerfield, S. M. Hong, H. Altamirano-Medina. A Victorian school and a low carbon designed school: Comparison of indoor air quality, energy performance, and student health[J]. Indoor and built environment: Journal of the International Society of the Built Environment, 2014, 23(3): 417-432.

[120] ASHRAE public review draft 62-1989R. Ventilation for acceptable indoor air quality[S].

[121] P. O. Fanger. Thermal Comfort-Analysis and Applications in Environmental Engineering [M]. Copenhagen: Danish Technical Press, 1970.

[122] ASHRAE.ANSI/ASHRAE Standard 55-2013. Thermal Environmental Conditions for Human Occupancy[S]. American Society of Heating, Atlanta, Georgia: Refrigerating and Air-Conditioning Engineers(ASHRAE), 2013.

[123] G. Havenith. Metabolic rate and clothing insulation data of children and adolescents during various school activities[J]. Ergonomics, 2007, 50(10): 1689-1701.

[124] M. A. Humphreys. Study of the thermal comfort of primary school children in summer[J]. Building and Environment, 1977, 12(4): 231-239.

[125] S. Haddad, S. King, P. Osmond, et al. Questionnaire design to determine children's thermal sensation, preference and acceptability in the classroom[C] PLEA 2012-28th International Conference: Opportunities, Limits & Needs, towards an Environmentally Responsible Architecture, 2012.

[126] B. Natacha, H. Joop, S. Dirk. Response quality in survey research with Children and adolescents: the effect of labeled response options and vague quantifiers[J]. International Journal of Public Opinion Research, 2003(1): 83-94.

[127] D. A. Coley, R. Greeves, B. K. Saxby. The Effect of Low Ventilation Rates on

the Cognitive Function of a Primary School Class[J]. International Journal of Ventilation, 2007, 6(2): 107-112.

[128] F. Ma, C. Zhan, X. Xu. Investigation and Evaluation of Winter Indoor Air Quality of Primary Schools in Severe Cold Weather Areas of China[J]. Energies, 2019, 12 (9): 1602.

[129] U. Haverinen-Shaughnessy, D. J. Moschandreas, R. J. Shaughnessy. Association between substandard classroom ventilation rates and students' academic achievement[J]. Indoor Air, 2011, 21: 121–131.

[130] Marchand C. Gwen, Nardi M. Nicholas. The impact of the classroom built environment on student perceptions and learning[J]. Journal of Environmental Psychology, 2014, 40: 187-197.

[131] Weilin Cui, Guoguang Cao, Jung Ho Park, Qin Ouyang, Yingxin Zhu. Influence of indoor air temperature on human thermal comfort, motivation and performance[J]. Building and Environment, 2013, 68: 114-122.

[132] 李百战, 郑洁, 姚润明, 等. 室内热环境与人体热舒适[M]. 重庆: 重庆大学出版社, 2012.

[133] 王昭俊, 宁浩然, 吉玉辰, 等. 严寒地区人体热适应性研究（4）: 不同建筑热环境与热适应现场研究[J]. 暖通空调, 2017, 47(8): 103-108.

[134] F. R. D. Alfano, E. Ianniello, B. I. Palella. PMV-PPD and acceptability in naturally ventilated schools[J]. Building and Environment, 2013, 67: 129-137.

[135] A. Jindal. Thermal comfort study in naturally ventilated school classrooms in composite climate of India[J]. Building and Environment, 2018, 142: 34-46.

[136] 李百战, 刘晶, 姚润明. 重庆地区冬季教室热环境调查分析[J]. 暖通空调, 2007, 37(5): 115-117.

[137] Zhaojun Wang, Gang Wang, Leming Lian. A Field Study of the Thermal Environment in Residential Buildings in Harbin[J]. ASHRAE Transactions, 2003, 109(2): 350-355.

[138] Zhaojun Wang. A field study of the thermal comfort in residential buildings in Harbin [J]. Building and Environment, 2006, 41（8）：1034-1039.

[139] 李云雁，胡传荣. 试验设计与数据处理[M]. 北京：化学工业出版社, 2005.

[140] 邱铁兵. 试验设计与数据处理[M]. 合肥：中国科学技术大学出版社, 2008.

[141] 王庆田. 正交试验法[M]. 沈阳：辽宁教育出版社, 1987.

[142] 陆耀庆. 实用供热空调设计手册（第二版）[M]. 北京：中国建筑工业出版社, 2008.

[143] 曾志辉. 广府传统民居通风方法及其现代建筑应用[D]. 广州：华南理工大学, 2010.

[144] 张忠扩，姚志飞. 烟囱效应在建筑节能中的应用[J]. 建筑节能, 2010, 38（10）：18-19+38.

[145] Building Research Establishment. Structural Survey[R]. England：Building Research Establishment, 1998, 16（1）. https：//doi.org/10.1108/ss.1998. 11016cab. 002.

[146] C. Ghiaus，F. Allard. Natural Ventilation in the Urban Environment[M] London：James&James, 2005.

[147] G. Z. 布朗，马克·德凯. 太阳辐射·风·自然光（原著第二版）[M]. 常志刚，刘毅军，朱宏涛，译. 北京：中国建筑工业出版社, 2008.

[148] K. L. Tam. Indoor air quality and energy efficiency in the design of building services systems for school classrooms[C]. Indoor Air 2002 Vol.3. Architectural Services Department, the Government of Hong Kong Special Administrative Region, Hong Kong, China, 2002：661-665.

[149] 魏昊然，周浩，乔利锋，等. 住宅内甲醛散发率的估算方法[J]. 南昌大学学报（工科版), 2016, 38（1）：32-38.

[150] 蔡增基，龙天渝. 流体力学泵与风机（第五版）[M]. 北京：中国建筑工业出版社, 2009.

[151] 钱锋. 基于Airpak的体育馆室内热环境数值模拟分析[J]. 建筑学报, 2012,（2）：

1-4.

[152] 简毅文，江亿. 北京住宅房间内热源逐时发热状况的调查分析[J]. 暖通空调，2006，(2)：33-37.

[153] 涂光备，等. 供热计量技术[M]. 北京：中国建筑工业出版社，2003：43.

[154] 贺平，孙钢. 供热工程（第三版）[M]. 北京：中国建筑工业出版社，2002.

[155] 郭骏，邹平华. 建筑采暖设计[M]. 北京：中国建筑工业出版社，1987.

[156] 徐占发. 建筑节能技术实用手册[M]. 北京：机械工业出版社，2005.

[157] 王福军. 计算流体动力学分析[M]. 北京：清华大学出版社，2006.

[158] 陶文铨. 数值传热学[M]. 西安：西安交通大学出版社，2004.

[159] A. Y. K. Tan，N. H. Wong. Natural ventilation performance of classroom with solar chimney system[J]. Energy & Buildings，2012，53：19-27.

[160] 夏菁，黄作栋. 英国贝丁顿零能耗发展项目[J]. 世界建筑，2004，(8)：76-79.

[161] P. Warren，L. Parkins. Window-opening behavior in office building[J]. ASHRAE Transactions，1984，90(1B)：1056-1076.

[162] 亢滨. 北京城市副中心黄城根小学设计实践[J]. 建筑技艺，2022，28(12)：112-114.

[163] 史建. 建筑还能改变世界——北京四中房山校区设计访谈[J]. 建筑学报，2014，(11)：1-5.

图表来源

本书中图表来源未在以下做特殊说明的，均为作者自绘/自摄。

第1章

表1-1 表内数据来源：中华人民共和国国家统计局. 中国统计年鉴2022[M].北京：中国统计出版社，2022.

图1-2 https://www.archdaily.com/600641/ad-classics-centre-culturel-jean-marie-tjibaou-renzo-piano.

图1-3 https://www.fosterandpartners.com/projects/reichstag-new-german-parliament.

图1-4 潘鑫晨，Martin Wollensak. 德国国家养老保险基金（LVA）北德总部办公楼的建筑设计[J]. 工业建筑，2018，48（3）：214-218+189.

图1-5 https://bbs.zhulong.com/101010_group_201803/detail10005527/

图1-6 https://www.sohu.com/a/329370450_654296.

图1-7 陈剑秋. 绿色技术的建筑表现——上海市委党校二期工程[J]. 新建筑，2013（4）：59-65.

图1-8 杨洪生. 自然通风降温系统在建筑中的应用——北京大学附属小学校园建筑的节能技术实践[J]. 建筑学报，2008（3）：18-22.

第2章

图2-11 改绘自 https://www.buildera.com/carbon-dioxide-CO$_2$-monitoring-service?rq=Carbon%20dioxide.

表2-5 王昭俊. 室内空气环境评价与控制 [M]. 哈尔滨：哈尔滨工业大学出版社，2016.

第4章

图4-4 改绘自 G. Z. 布朗，马克·德凯. 太阳辐射·风·自然光（原著第二版）[M]. 常志刚，刘毅军，朱宏涛，译. 北京：中国建筑工业出版社，2008.

第6章

图6-4a）改绘自 A. Y. K. Tan, N. H. Wong. Natural ventilation performance of classroom with solar chimney system[J]. Energy & Buildings，2012，53：19-27.

图6-4b）夏菁，黄作栋. 英国贝丁顿零能耗发展项目 [J]. 世界建筑，2004，（8）：76-79.

图6-9 https：//www.gooood.cn/huang-cheng-gen-primary-school-changping-campus-china-by-inclusive-architectural-practice.htm.

图6-10 https：//www.gooood.cn/beijing-4-high-school-by-open.htm.

图6-13 https：//www.archdaily.cn/cn/757830/ha-xi-xin-qu-ban-gong-lou-zna?